知りたい!サイエンス

技術評論社

# はじめに

今年のNHK大河ドラマは『光る君へ』です。

「光る君」は『源氏物語』の主人公光源氏ですが、大河ドラマの主人公はその作者紫式部です。

ところで、『源氏物語』に関連する「数学」が存在することをご存知でしょうか。しかもその数学の研究は、何と世界で日本から始まったというのです。

そこには、『源氏物語』54帖の帖名が附された図が登場します。ただし、最初の「桐壺」と最後の「夢浮橋」には図がありません。

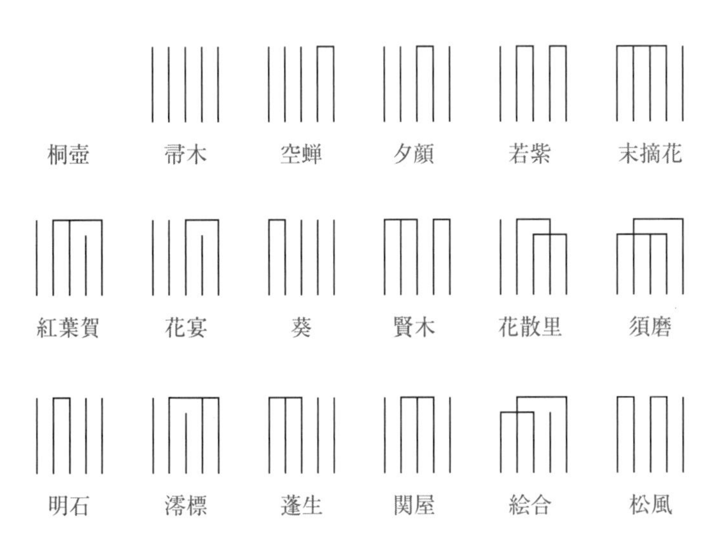

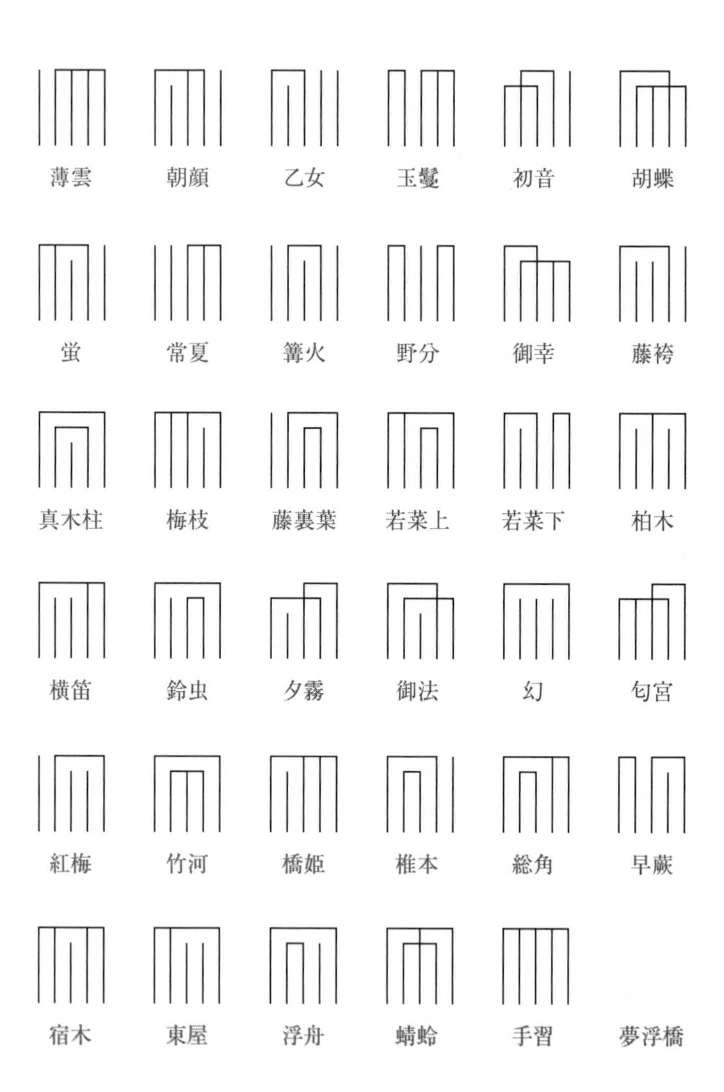
薄雲
朝顔
乙女
玉鬘
初音
胡蝶
蛍
常夏
篝火
野分
御幸
藤袴
真木柱
梅枝
藤裏葉
若菜上
若菜下
柏木
横笛
鈴虫
夕霧
御法
幻
匂宮
紅梅
竹河
橋姫
椎本
総角
早蕨
宿木
東屋
浮舟
蜻蛉
手習
夢浮橋

この源氏香図は単なるデザインではありません。数学的意味をもっているのです。すでに当時の日本では、これら52通りを過不足なく列挙できていました。この事実は、世界的に見ても称賛に値することのようです。

源氏香図の中のいくつかは、どこかで見たことがあるかも知れませんね。例えばこの中の関屋は、昨年日本で開催された国際数学オリンピックのロゴに用いられました。日本の誇る和算家関孝和の「関」にちなんで、採用したのかも知れません。

提供：公益財団法人数学オリンピック財団

日本古来の数学ときたら、もちろん和算ですよね。筆者だけかも知れませんが、和算といえば神社に奉納された「算額」程度の認識しかないものです。もちろん関孝和がベルヌーイ数を発見していたことは、例外的にとても有名です。「関-ベルヌーイ数」と呼ぶべきだと唱えている研究者もいるほどです。

ベルヌーイ数というと、「クラウゼン-フォンシュタウトの定理」に興味を持たれた方も多いのではないでしょうか。ベルヌーイ数の分母は、そのベルヌーイ数が何番目に現れるかによって決まってしまうという、信じられないような不思議な定理です。

この定理の証明に用いられるのがスターリング数です。このスターリング数は、じつは和算家も独自に発見しています。ちなみに源氏香52通りの方はベル数と呼ばれていて、$B(n)$と記したとき$B(5)=52$です。和算家は、すでに源氏香図で知られていたこの52通りに着目し、何と一般の$n$の場合に$B(n)$を求める漸化式を、世界に先駆けて発見したのです。

話は変わりますが、高校で二項係数を学びます。「場合の数」では組合せ(Combination)ということで${}_n\mathrm{C}_k$と記しました。大学以降は$\binom{n}{k}$と記すのが一般的です。

そもそも二項係数は、パスカルの三角形などの「場合の数」の側面と、二項定理などの「代数」の側面をもっています。これはスターリング数でも同様です。和算家が研究したのは、「場合の数」の側面からです。これに対してスターリングは、「代数」の側面から研究しました。

いろいろな見方ができる概念は、何かと有用なものです。さてスターリング数とベルヌーイ数ですが、これらはどう繋がってくるのでしょうか。分母の不思議さは解消できるのでしょうか。

最後になりましたが、優雅な宮廷の世界をドラマで楽しみながら、たまには数学の世界をのぞいてみるのも一興かもしれません。

令和6年1月　小林吹代

# 目 次

## 3章 スターリングのスターリング数 ―― 65



## 4章 ベル数と無限級数 ―― 117

## 6章 不思議な「クラウゼン－フォンシュタウトの定理」

# 1章
# 源氏香のミステリー

和算というと神社に奉納された「算額」で有名ですね。じつは和算家達は初等幾何だけでなく、「場合の数」でも驚きの成果を上げていました。日本人はすでに源氏香図52通りを過不足なく描き上げていましたが、和算家達は何と一般の場合に何通りあるかを求める方法を発見したのです。

## 日本発の研究とは…

日本人として、何だかうれしくなってしまいました。

何と海外の書籍(の邦訳)に、「最初に日本で研究されたようである」と書かれていたのです。もちろん著者は、外国の方ですよ(情報源は日本人の研究論文でしょうね)。〈参考文献[1] $p.26$〉

さて何の研究でしょうか。それは「集合の分割」です。例えば集合$\{1, 2, 3, 4, 5\}$があったら、これを$\{1\}$、$\{2, 3, 4\}$、$\{5\}$のように、いくつかに分割するのです。この例では3つに分割していますね。ただし$\{1\}$、$\{2, 3, 4\}$、$\{5\}$、$\phi$と空集合$\phi$を入れて、4つに分割したと主張してはいけません。空集合$\phi$を使えば、いくらでも個数を水増しできます。分割の際には、空集合$\phi$は用いません。素因数分解でも、$6=2\times3$であって$6=2\times3\times1\times1$と1で水増ししません。そもそも1は素数に入れませんが、空集合$\phi$は部分集合には入れています。もちろん$\{1\}$、$\{2, 3\}$、$\{5\}$のように、どこにも入らない要素があるのはダメです。$\{1\}$、$\{2, 3, 4\}$、$\{4, 5\}$のように、2つに顔を出すのがあってもダメです。

さて、時は10世紀の平安時代。香木を焚(た)いて、その香りを楽しむ優雅な遊びが始まりました。香木というと、織田信長が切り取った蘭奢待(らんじゃたい)が有名ですね。ちなみに香りは「嗅ぐ」ものではなく、「聞く」ものだそうです。その道を究めるのが香道です。

15世紀になると、源氏香という遊びが上流階級の人々の間で流行しました。もっとも最初から形式が統一されていたわけではなく、完成したのは江戸時代初期といわれています。

源氏香の遊び方は、以下の通りです。

やり方が分かったら、当時の日本人のように52通りを過不足なく数え上げられるか、一度チャレンジしてみるのもいいですね。

おもてなし役（主人）は、まず5種類の香木を用意します。それぞれの香木から5個ずつ小片（香料）を切り出し、小さな紙に包んでおきます。合計5包×5種＝25包です。

この25包をシャッフルしてから、無作為に5包取り出します。まるで確率の実践さながらです。これなら、事前に参加者に情報が漏れる心配はありません。このとき主人は取り出した5包の中身を、順序を含めて記憶ないし記録しておきます。主人にも答えが分からないのでは話になりません。

いよいよ源氏香です。主人は香料を1包ずつ焚き（銀葉という雲母の板の上で温め）、香炉を客人に廻していきます。重要なのは、このときの順序です。客人は何番目の香りがどんなものだったかを、しっかり記憶しなければなりません。第1香、第2香、……、第5香の香りを「聞き」分けるのです。

さて炷いていく5包の香料ですが、5包×5種＝25包の中から取り出すのですから、第2香・第3香・第4香は同じで、第1香と第5香は異なるなど、同じものが含まれることもあります。もちろん全部異なることも、全部同じこともあります。

客人の方では、まず紙に5本の縦棒を引いておきます。

5本の縦棒は、第1香、第2香、……、第5香に相当します。

当時の日本の慣習として、(明記せずとも) 順序は右からです。

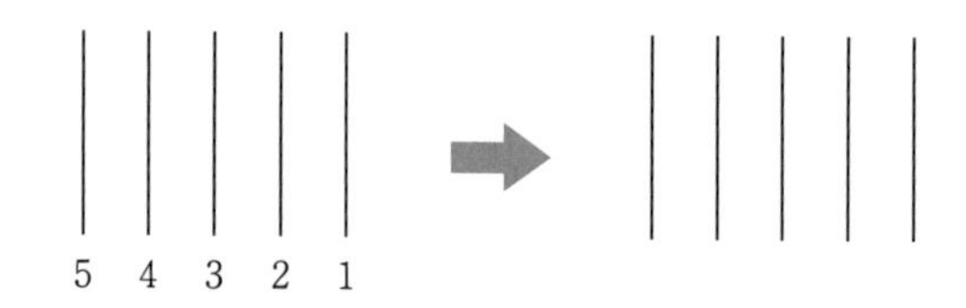


第1香は聞くだけです。まだ何も書きたしません。

第2香を聞いたら、記憶をたどります。この香りは、第1香と同じか否かと。もし同じなら、横線で結びます。異なっていたら、そのままです。

第3香を聞いたら、さらに記憶をたどります。この香りは、第1香や第2香と同じか否かと。

直前と同じなら、(第3香を) 第2香と横線で結びます。その前の第1香と同じなら、棒を少し伸ばした上で (第3香を) 第1香と横線で結びます。どちらとも異なっていたら、そのままです。もちろん第1香とも第2香とも同じなら、すでに結ばれている横線を第3香まで伸ばすことになります。もちろん、この他のパターンも出てきます。

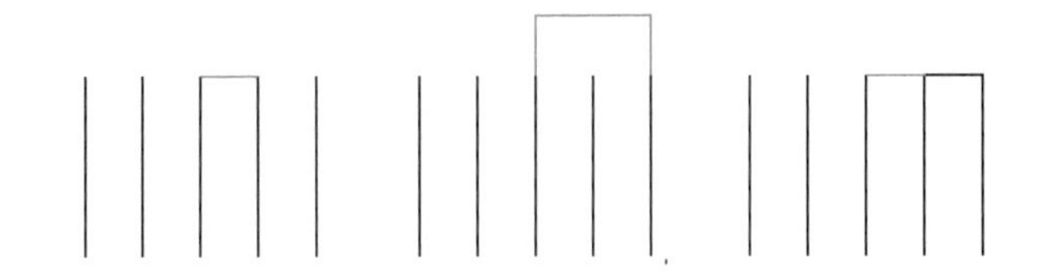

このようにして、第5香までの香りを聞き終えます。

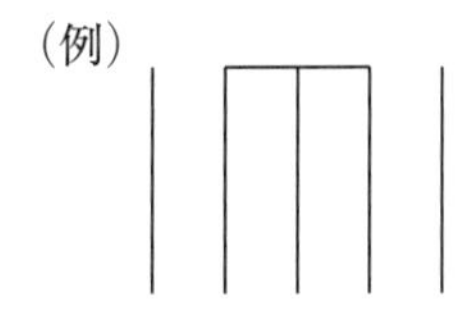


最後に客人は、自分が聞いた結果を書き添えます。

それは「第2香・第3香・第4香は同じで、第1香と第5香は異なっていた」などという無粋なものではありません。そんなことは図を見れば分かります。

客人はあらかじめ配られた源氏香図と見比べ、そこに附された『源氏物語』54帖の中の帖(じょう)名を書き添えるのです。

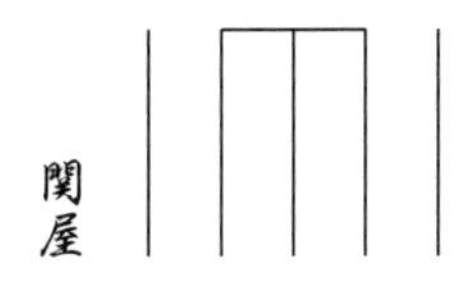

ちなみに関屋は、2023年に日本で開催された国際数学オリンピックのロゴに用いられました。日本の誇る和算家関孝和の「関」にちなんで採用したのかも知れません。

提供：公益財団法人数学オリンピック財団

さて、数学の試験では中間点がつきますね。これは源氏香でも同じです。全員不正解で終了では、全然楽しくありません。そこで中間点で競うのです。

例えば、下記のように点数がつきます。点数は、正解と一致した香の個数です。「空白」は0点です。

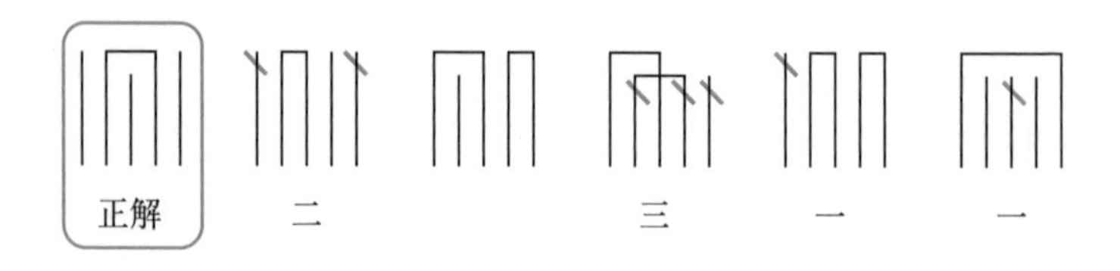


ちなみに満点は、「五」ではなく「玉」とするようです。「玉」の角数が五角で、源氏物語の主人公光源氏が「玉のような御子」であったことに起因するとのことです。〈参考文献[4] $p.151$〉

## 「源氏香図」52個に『源氏物語』54帖が…

源氏香の結果は、(後で見てみますが)全部で52通りの可能性があります。一方『源氏物語』は54帖です。このため最初の「桐壺」と最後の「夢浮橋」を除いて、残り52帖を源氏香52通りに当てています。

その52通りの香図が源氏香図で、一覧表や冊子にして残されています。

下記は、源氏香図を長方形に並べたものです。横書きで「左から右へ」「上から下へ」並べましたが、本来は縦書きで「上から下へ」「右から左へ」並べます。[番号]は『源氏物語』54帖順です。

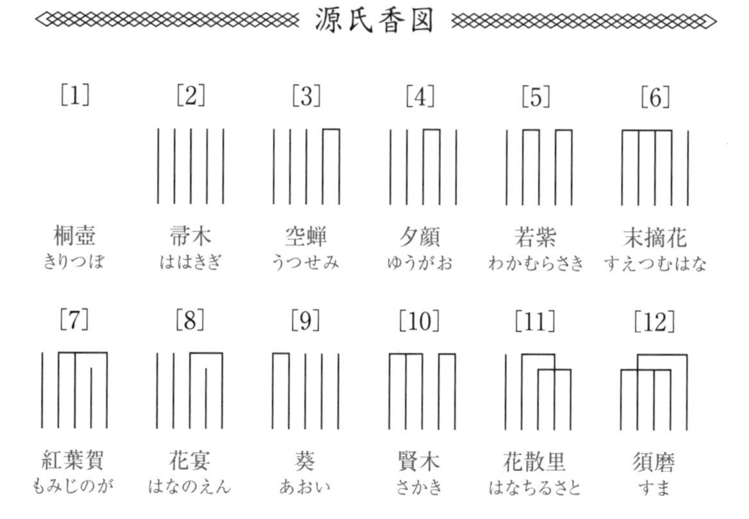

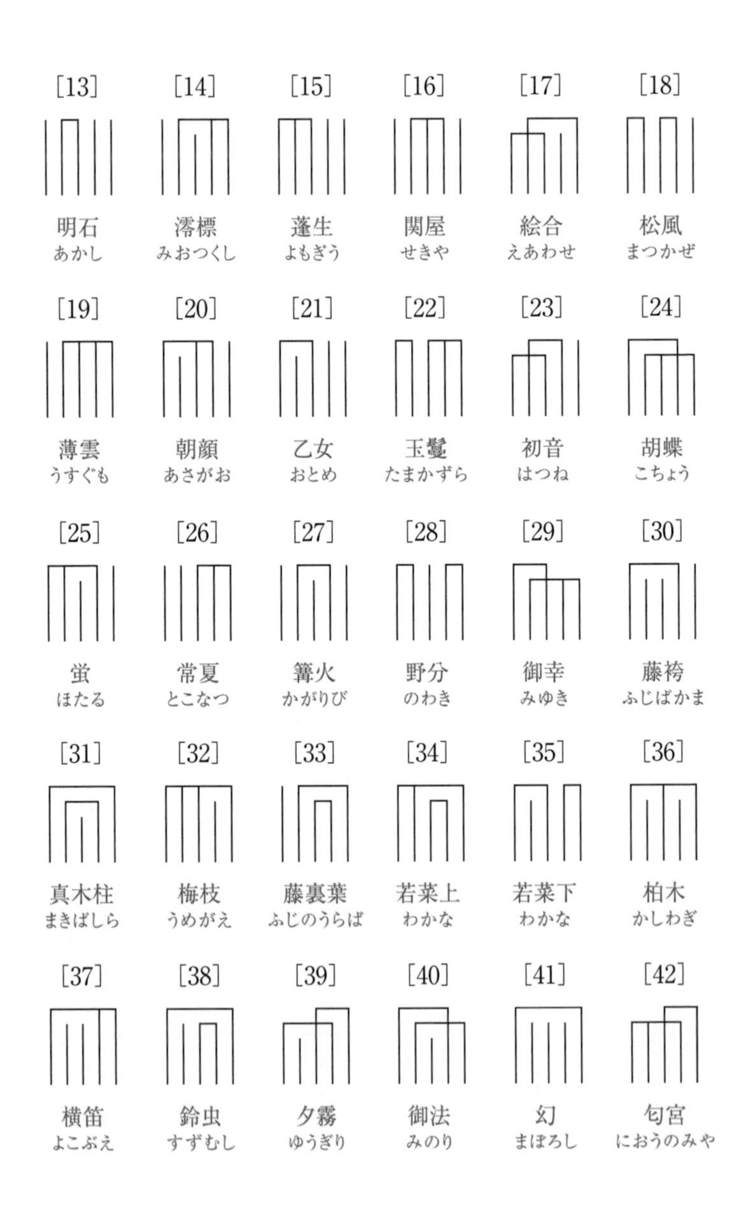
[13]
明石
あかし
[14]
澪標
みおつくし
[15]
蓬生
よもぎう
[16]
関屋
せきや
[17]
絵合
えあわせ
[18]
松風
まつかぜ
[19]
薄雲
うすぐも
[20]
朝顔
あさがお
[21]
乙女
おとめ
[22]
玉鬘
たまかずら
[23]
初音
はつね
[24]
胡蝶
こちょう
[25]
蛍
ほたる
[26]
常夏
とこなつ
[27]
篝火
かがりび
[28]
野分
のわき
[29]
御幸
みゆき
[30]
藤袴
ふじばかま
[31]
真木柱
まきばしら
[32]
梅枝
うめがえ
[33]
藤裏葉
ふじのうらば
[34]
若菜上
わかな
[35]
若菜下
わかな
[36]
柏木
かしわぎ
[37]
横笛
よこぶえ
[38]
鈴虫
すずむし
[39]
夕霧
ゆうぎり
[40]
御法
みのり
[41]
幻
まぼろし
[42]
匂宮
におうのみや

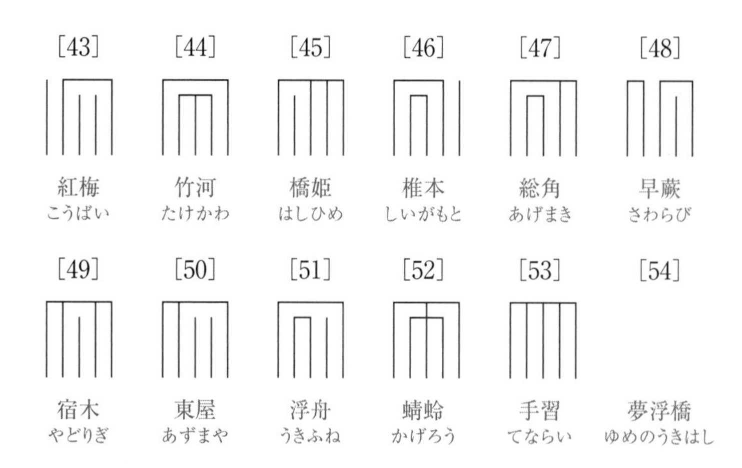


## 「源氏香」から和算家達が発見した式とは…

15世紀頃に流行し、江戸時代初期には完成していた源氏香ですが、1700年代初めに和算家達がこれに着目しました。

第1香、第2香、……、第5香からなる集合{1, 2, 3, 4, 5}の分割は、じつは52通りあります。帚木{1}{2}{3}{4}{5}、空蝉{1, 2}{3}{4}{5}、……、手習{1, 2, 3, 4, 5}の52通りです。当時の日本人がこれらを過不足なく描き上げていたことは、世界的に見ても称賛に値することのようです。

和算家達が問題としたのは、「この52通りをどうやって出すか」ではありません。「集合{1, 2, 3, 4, 5}の$n=5$の場合を、一般の$n$にするとどうなるか」です。

有名な和算家関孝和の孫弟子にあたる松永良弼(よしすけ)は、一般の$n$の場合に何通りになるかを求める漸化式を発見し、稿本『断連総術』(1726年)で解説しました。〈参考文献[2]〉

後に、「算学大名」で有名な久留米藩主有馬頼徸(よりゆき)は『拾璣算法』(1769年)を出版し、その中で松永の成果を紹介しました。

その松永の漸化式を紹介する前に、まずは記号の準備です。

(区別のつく)$n$個の要素からなる集合の分割が何通りあるかを、ここでは$B(n)$と記します。$B(n)$は(後世の)数学者ベルにちなんだもので、ベル数と呼ばれています。関孝和が研究したベルヌーイ数$B_n$もそうですが、和算家達の研究が西洋に知られることはありませんでした。

(区別のつく)$n$個から$k$個を取り出す組合せ(Combination)の数を、高校では${}_n\mathrm{C}_k$と記しています。ここでは普遍的に用いられている$\dbinom{n}{k}$とします。$\dbinom{n}{k}$は二項係数と呼ばれていますが、名前の由来は後に回します。

松永が発見した漸化式は、(これらの記号に置きかえると)次のようなものです。ただし$B(0)=1$とします。

**《ベル数の漸化式》**

$$B(n+1)=\binom{n}{0}B(n)+\binom{n}{1}B(n-1)+\binom{n}{2}B(n-2)+\cdots\cdots+\binom{n}{n}B(0)$$

有馬頼徸の『拾璣算法』の問題56は、「$B(n)=678570$となる$n$を求めよ」というものでした。答えは$n=11$で、有馬は詳細に解いた上で、証明は松永によると明記したとのことです。

このたった1行の漸化式には、源氏香図の個数だけでなく、その描き方（集合の分割法）も示されています。後ほどこの漸化式から、源氏香図52通りをすべて描き上げていきましょう。

## 「二項係数」を並べて「パスカルの三角形」を作ろう

松永の漸化式には、（区別のつく）$n$個から$k$個を取り出す組合せ（Combination）${}_n\mathrm{C}_k$が含まれています。ここでは$\binom{n}{k}$と記します。

 $\binom{n}{k}$の漸化式を（組合せの観点から）求めましょう。

取り出す際に、特定の1個（$a$とします）に着目します。

まず「$a$が入っている」のは、$a$の1個と（$a$以外の）$n-1$個から$k-1$個を取り出す$\binom{1}{1}\times\binom{n-1}{k-1}=\binom{n-1}{k-1}$通りです。

次に「$a$が入っていない」のは、（$a$以外の）$n-1$個から$k$個とも全部取り出す$\binom{n-1}{k}$通りです。

$\binom{n}{k}$はこれらの和となり、漸化式は次のようになります。ただし

$\binom{0}{0}=1$とし、$k<0$、$n<k$では$\binom{n}{k}=0$とします。

《二項係数の漸化式》

$$\binom{n}{k}=\binom{n-1}{k-1}+\binom{n-1}{k}$$

ちなみに"取る"$k$個を選ぶのも、"外す"$n-k$個を選ぶのも、同じだけあることから次が成り立ちます。

$$\binom{n}{k}=\binom{n}{n-k}$$

それでは、ここで問題です。

下図の道を回り道しないで歩くとき、各交差点まで行く方法は何通りあるでしょうか。それを各交差点に記入しましょう。

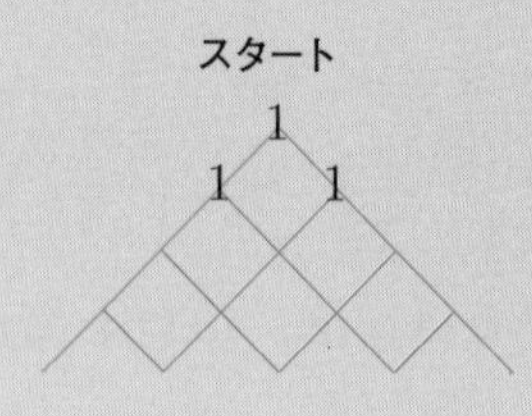


ある交差点まで回り道しないで行くには、その「左上」の地点を通るか、「右上」の地点を通るしかありません。その方法が何

通りあるかは、「左上」と「右上」の和となってきます。つまりは、二項係数の漸化式から決まってくる数となります。

「左上」と「右上」の和を次々に求めて、各交差点に記入していくと次のようになります。これがパスカルの三角形です。

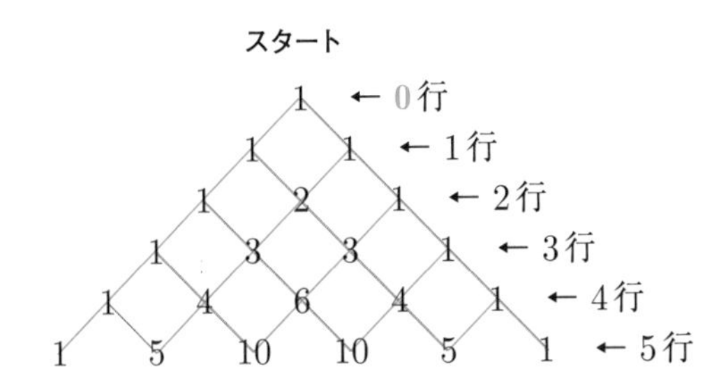


## 「源氏香図」52個を描き上げよう

「ベル数の漸化式」を、源氏香図52通りを描きながら見ていきましょう。漸化式ということで、香料を炷く回数$(n)$を順に増やしていきます。

香料を$n$回炷く場合は、香木は$n$種類用意し、包みは$n \times n = n^2$包とします。客人が、あらかじめ描いておく縦棒は$n$本です。

【$n=0$】

縦棒0本では、何も始まりません。そこで$B(0)=1$とします。かけ算しても変わらない1とするのです。

図に関しては、何も描かれることなくそのまま「完了」です。

【$n=1$】

縦棒1本では、同じ香かどうかは問題になりません。横棒で結ぶ相手が0本なのです。結ばない（0本選ぶ $\binom{0}{0}$）という選択肢しかなく、$B(0)$ で完了です。図は縦棒1本の $B(1)=1$ 個です。

$$B(1)=\binom{0}{0}B(0)=1\cdot 1=1$$

【$n=2$】

いよいよ $n=1$ の1本の縦棒（第1香）の左横に、もう1本の縦棒（第2香）が追加されます。

この第2香と横棒で結ぶ相手ですが、候補は第1香の1本のみで、結ばない（0本選ぶ）のが $\binom{1}{0}$ 通り、結ぶ（1本選ぶ）のが $\binom{1}{1}$ 通りです。

「0本選んだ $\binom{1}{0}$ 通り」は残り1本となり、その残りから図が $B(1)$ 個できます（下図の左）。

「1本選んだ $\binom{1}{1}$ 通り」は残り0本となり、そのまま $B(0)$ の完了です（下図の右）。

←$B(1)$ 個

$$B(2)=\binom{1}{0}B(1)+\binom{1}{1}B(0)=1\cdot 1+1\cdot 1=2$$

図は、以上の $B(2)=2$ 個です。

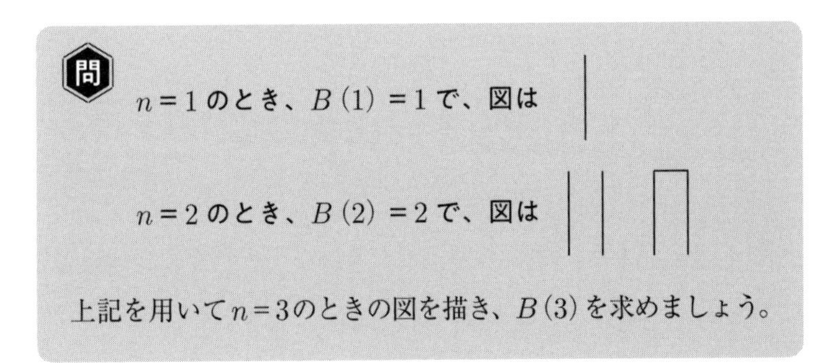


【$n=3$】（三種香）

$n=2$の2本の縦棒（第1香、第2香）の左横に、もう1本の縦棒（第3香）が追加されます。

この第3香と横棒で結ぶ相手ですが、候補は第1香、第2香の2本あります。結ばないのが$\binom{2}{0}$通り、1本結ぶのが$\binom{2}{1}$通り、2本結ぶのが$\binom{2}{2}$通りです。

「0本選んだ$\binom{2}{0}$通り」は残り2本となり、その残りから図が$B(2)$個できます。

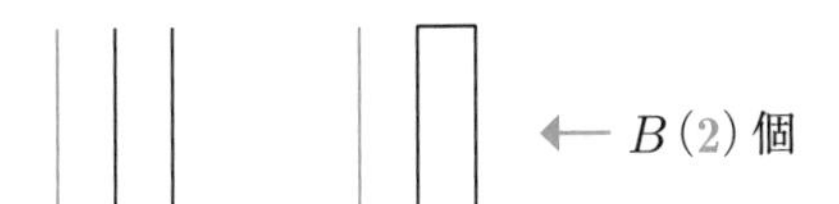


「1本選んだ$\binom{2}{1}$通り」は残り1本となり、その残りから図がそれぞれ$B(1)$個できます。

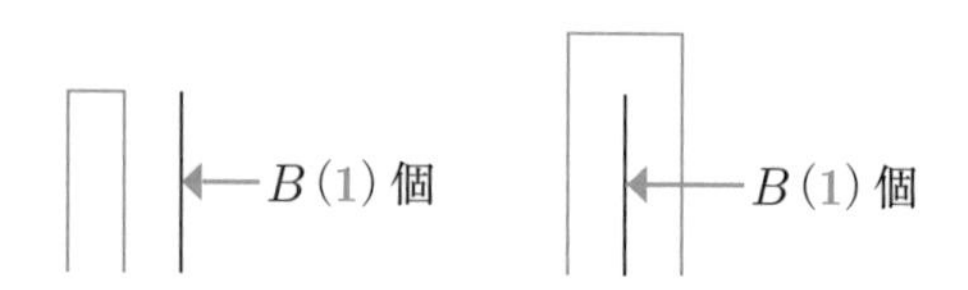


「2本選んだ$\binom{2}{2}$通り」は残り0本となり、そのまま$B(0)$の完了です。

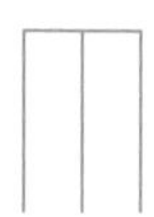

図は、以上の5個です。

$$B(3)=\binom{2}{0}B(2)+\binom{2}{1}B(1)+\binom{2}{2}B(0)$$

$$=1\cdot 2+2\cdot 1+1\cdot 1=5$$

これら$B(3)=5$個が描かれた香図帖も残されています。〈参考文献[3] $p.16$の写真〉

$n=4$の香図を描き、$B(4)$を求めましょう。

【$n=4$】(系図香)

第4香と横線で結ぶ候補は3本あります。

「0本選ぶのは$\binom{3}{0}$通り」で、残った3本から図が$B(3)$個できます。

描き方は、第4香の横に$n=3$の図を並べるだけです。

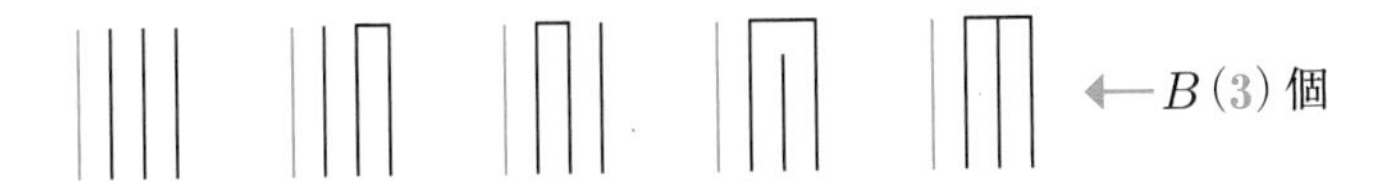


「1本選ぶのは$\binom{3}{1}$通り」で、残った2本から図がそれぞれ$B(2)$個できます。

描き方は、残った2本を$n=2$の図を見ながら結びます。

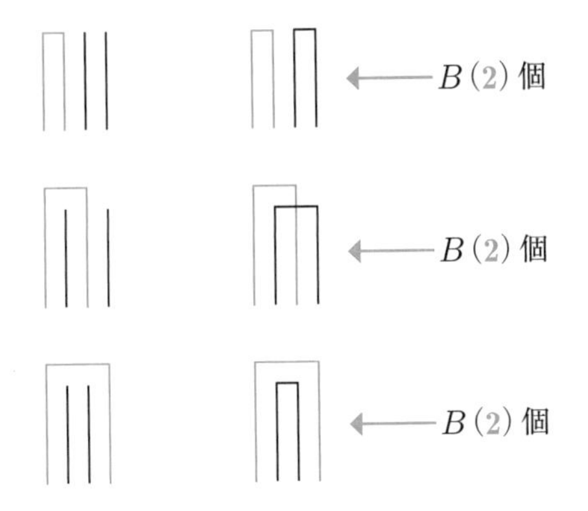


「2本選ぶのは$\binom{3}{2}$通り」で、残り1本から図がそれぞれ$B(1)$個できます。

描き方は、(2本と結んだら)残り1本はそのままです。

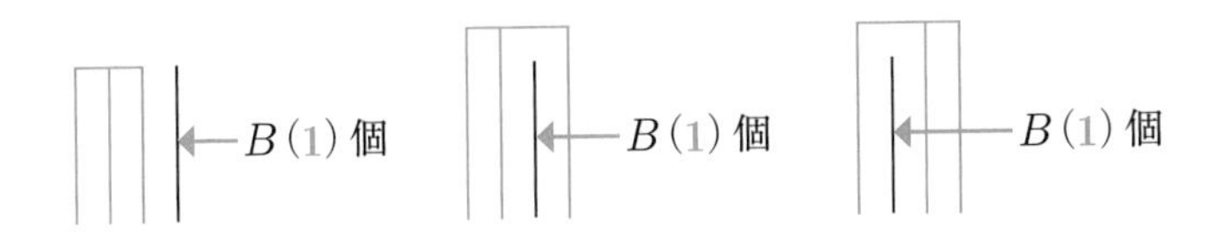

「3本選ぶのは$\binom{3}{3}$通り」で残り0本となり、そのまま$B(0)$の完了です。

図は、以上の$B(4)=15$個です。

$$B(4)=\binom{3}{0}B(3)+\binom{3}{1}B(2)+\binom{3}{2}B(1)+\binom{3}{3}B(0)$$

$$=1\cdot5+3\cdot2+3\cdot1+1\cdot1=\boxed{15}$$

これら$B(4)=15$個が描かれた香図帖も残されています。〈参考文献[3] $p.16$の写真〉

それでは、いよいよ香料を焚く回数が5回の源氏香です。

源氏香図52個を描き上げましょう。

【$n=5$】(源氏香)

今回は、あらかじめ$B(5)$を求めておきましょう。

$$B(5)=\binom{4}{0}B(4)+\binom{4}{1}B(3)+\binom{4}{2}B(2)+\binom{4}{3}B(1)+\binom{4}{4}B(0)$$

$$=1\cdot15+4\cdot5+6\cdot2+4\cdot1+1\cdot1=52$$

それでは$B(5)=52$個の源氏香図を描いていきます。

【(0本) & ($n=4$の図)】　$\binom{4}{0}B(4)=1\cdot 15=15$個

[2]　[3]　[4]　[8]　[26]

[13]　[5]　[27]　[11]　[43]　[33]

[16]　[7]　[14]

[19]

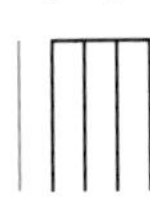

【(1本) & ($n=3$の図)】　$\binom{4}{1}B(3)=4\cdot 5=20$個

[9]

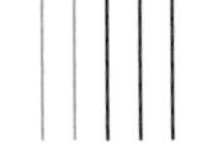

[28]

[18]

[48]

[22]

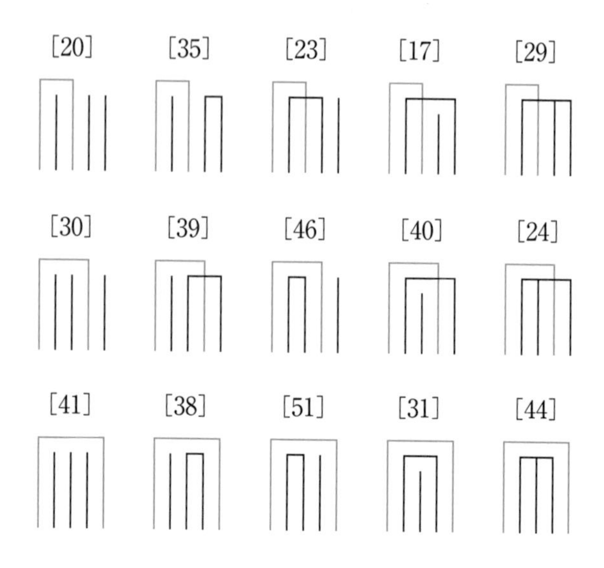


【(2本) & ($n=2$の図)】 $\binom{4}{2}B(2)=6\cdot 2=12$個

[15] [25] [50] [20] [36] [37]

[10] [42] [34] [12] [52] [47]

【(3本)&($n=1$の図)】 $\binom{4}{3}B(1)=4\cdot1=4$個

[6] [32] [49] [45]

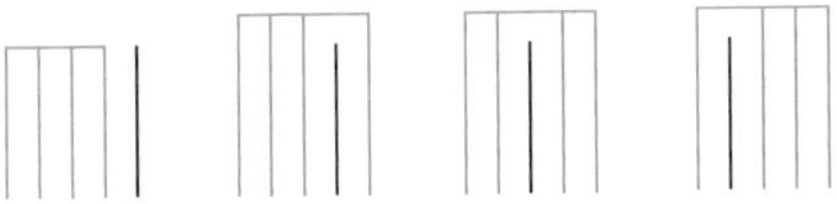

【(4本)&($n=0$で完了)】 $\binom{4}{4}B(0)=1\cdot1=1$個

[53]

以上が、$B(5)=52$個の源氏香図です。〈[番号]は$p.17$参照〉

こうして具体的に描いていくと、「ベル数の漸化式」が成り立つことも、漸化式から順に香図が描かれることも納得ですね。

## 源氏香図のミステリー(1)

源氏香図にはちょっとしたミステリーがあります。

そもそも縦棒を少し伸ばして結ぶとき、「上から結ぶ」か「間を通る」かの余地が残されているのです。

例えば[39]夕霧は、右から順に描いていくと、下記の左になってもよさそうなものです。ところが源氏香図には、右が描かれているのです。

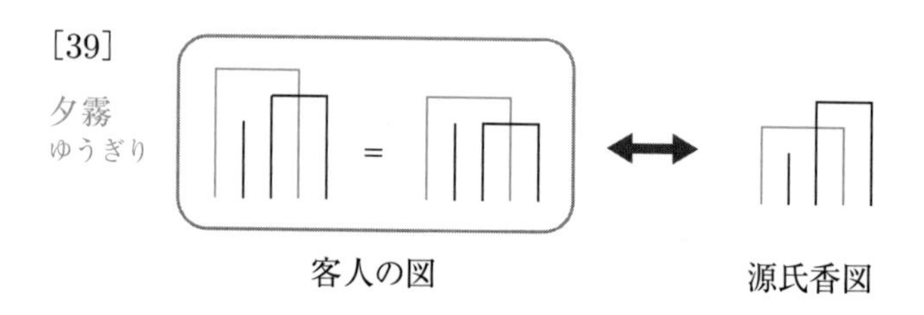


ちなみに$p$.16で「三」点がついた客人は、次の左を描いています。

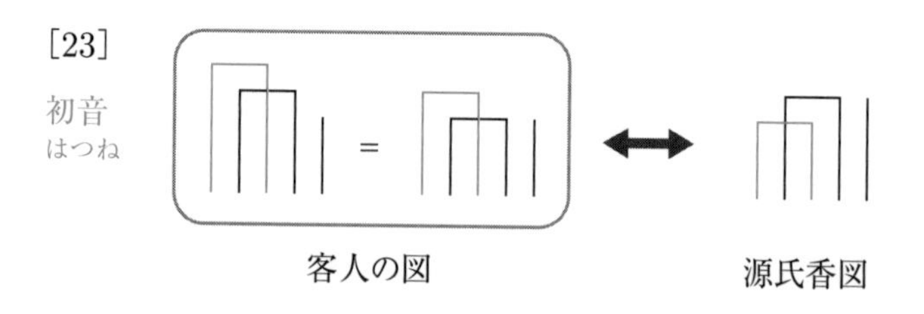


もちろんこの客人も、迷わず「初音」と書き添えたことでしょう。

源氏香図がどう決定していったのか、今となっては不思議ですね。

# 10種香は何通りか(1)

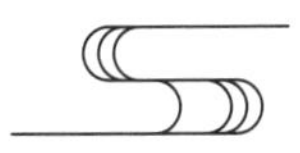

5種の源氏香だけでなく、6種香、7種香、8種香、9種香、10種香も考えられていたようです(一部は香図も残されています)。

だからこそ有馬頼徸(よりゆき)の『拾璣算法』の問題56では、「$B(n)=678570$となる$n$を求めよ」と、あえて10種香まででではなく、11種香の$n=11$が答えになるようにしたのかも知れません。

**問** 次は何通りの可能性があるでしょうか。

(1) 6種香($B(6)$)

(2) 7種香($B(7)$)

(3) 8種香($B(8)$)

(4) 9種香($B(9)$)

(5) 10種香($B(10)$)

(6) 11種香($B(11)$)

「ベル数の漸化式」を用いて、順に見ていきましょう。

その前に、パスカルの三角形の5行目から10行目までを求めておきます。ちなみに4行目までは、次の通りでした(くれぐれも0行から始まります)。

$$
\begin{array}{ccccccccc}
 & & & & 1 & & & & \leftarrow 0\text{行} \\
 & & & 1 & & 1 & & & \leftarrow 1\text{行} \\
 & & 1 & & 2 & & 1 & & \leftarrow 2\text{行} \\
 & 1 & & 3 & & 3 & & 1 & \leftarrow 3\text{行} \\
1 & & 4 & & 6 & & 4 & & 1 \leftarrow 4\text{行}
\end{array}
$$

ここからは、紙面の都合で左詰めにします。

| | | | | | | | | | | | |
|---|---|---|---|---|---|---|---|---|---|---|---|
| [5行] | 1 | 5 | 10 | 10 | 5 | 1 | | | | | |
| [6行] | 1 | 6 | 15 | 20 | 15 | 6 | 1 | | | | |
| [7行] | 1 | 7 | 21 | 35 | 35 | 21 | 7 | 1 | | | |
| [8行] | 1 | 8 | 28 | 56 | 70 | 56 | 28 | 8 | 1 | | |
| [9行] | 1 | 9 | 36 | 84 | 126 | 126 | 84 | 36 | 9 | 1 | |
| [10行] | 1 | 10 | 45 | 120 | 210 | 252 | 210 | 120 | 45 | 10 | 1 |

また、これまでに次を求めています。$(B(0)=1)$

$B(1)=1$、$B(2)=2$、$B(3)=5$、$B(4)=15$、$B(5)=52$

(1) $B(6)=1B(5)+5B(4)+10B(3)+10B(2)+5B(1)+1B(0)$

$=1\cdot 52+5\cdot 15+10\cdot 5+10\cdot 2+5\cdot 1+1\cdot 1$

$=52+75+50+20+5+1$

$=203$

$B(6)=203$

(2) $B(7) = 1B(6) + 6B(5) + 15B(4) + 20B(3) + 15B(2) + 6B(1) + 1B(0)$

$= 1 \cdot 203 + 6 \cdot 52 + 15 \cdot 15 + 20 \cdot 5 + 15 \cdot 2 + 6 \cdot 1 + 1 \cdot 1$

$= 203 + 312 + 225 + 100 + 30 + 6 + 1$

$= 877$

$B(7) = 877$

(3) $B(8) = 1B(7) + 7B(6) + 21B(5) + 35B(4) + 35B(3) + 21B(2) + 7B(1) + 1B(0)$

$= 1 \cdot 877 + 7 \cdot 203 + 21 \cdot 52 + 35 \cdot 15 + 35 \cdot 5 + 21 \cdot 2 + 7 \cdot 1 + 1 \cdot 1$

$= 877 + 1421 + 1092 + 525 + 175 + 42 + 7 + 1$

$= 4140$

$B(8) = 4140$

(4) $B(9) = 1B(8) + 8B(7) + 28B(6) + 56B(5) + 70B(4) + 56B(3) + 28B(2) + 8B(1) + 1B(0)$

$= 1 \cdot 4140 + 8 \cdot 877 + 28 \cdot 203 + 56 \cdot 52 + 70 \cdot 15 + 56 \cdot 5 + 28 \cdot 2 + 8 \cdot 1 + 1 \cdot 1$

$= 4140 + 7016 + 5684 + 2912 + 1050 + 280 + 56 + 8 + 1$

$= 21147$

$B(9) = 21147$

(5) $B(10) = 1B(9) + 9B(8) + 36B(7) + 84B(6) + 126B(5) + 126B(4) + 84B(3) + 36B(2) + 9B(1) + 1B(0)$

$$=1\cdot 21147+9\cdot 4140+36\cdot 877+84\cdot 203+126\cdot 52$$
$$+126\cdot 15+84\cdot 5+36\cdot 2+9\cdot 1+1\cdot 1$$
$$=21147+37260+31572+17052+6552+1890+420$$
$$+72+9+1$$
$$=115975$$

$B(10)=115975$

(6) $B(11)=1B(10)+10B(9)+45B(8)+120B(7)+210B(6)$
$$+252B(5)+210B(4)+120B(3)+45B(2)+10B(1)$$
$$+1B(0)$$
$$=1\cdot 115975+10\cdot 21147+45\cdot 4140+120\cdot 877$$
$$+210\cdot 203+252\cdot 52+210\cdot 15+120\cdot 5+45\cdot 2$$
$$+10\cdot 1+1\cdot 1$$
$$=115975+211470+186300+105240+42630$$
$$+13104+3150+600+90+10+1$$
$$=678570$$

$B(11)=678570$

『拾璣算法』の問題56「$B(n)=678570$となる$n$を求めよ」の答えが、11種香の$n=11$と判明しましたね。

# 和算家のスターリング数

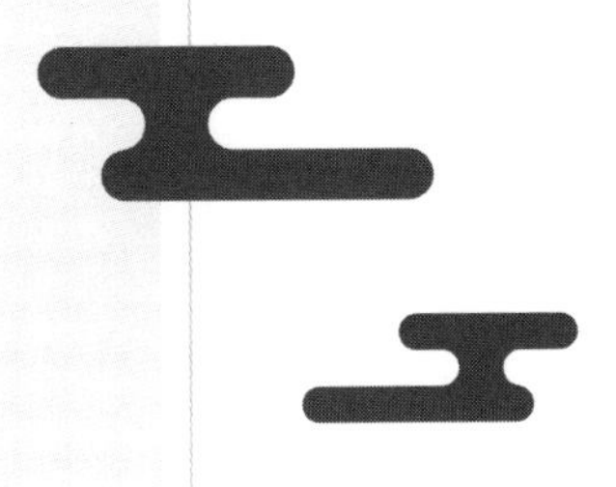

源氏香図52個ですが、前章とは異なる方法で、過不足なく描き上げられた方がおられるでしょうか。和算家達は、さらに新たな方法を発見しました。しかも一般化していたのです。今日では、前章はベル数、本章はスターリング数として知られています。

## 和算家達のさらなる発見とは…

源氏香52通りの描き方ですが、じつは前章で見てきた方法以外にもあります。和算家達の研究には、まだ続きがあったのです。

その後坂正永(まさのぶ)は、(区別のつく) $n$ 個の要素からなる集合を、$k$ 個の部分集合に分ける方法が何通りあるかを研究しました。何個に分けてもよい場合は $B(n)$ 通りですが、あくまでも $k$ 個に分けるものだけを数え上げるのです。ちなみに松永もベル数だけでなく、この方法でも数え上げていました。坂の成果は、新たな漸化式の発見です。

源氏香 $(n=5)$ でいうなら、(5種全部用いるとは限らないので、結果的に) 使われた香料の個数 $k$ に着目するということです。$k=1$、2、3、4、5 の場合にそれぞれ何通りあるかを数えれば、それらの合計が52通りとなります。

源氏香図を見て、2種類の香料だけを用いた $k=2$ の場合を見つけ出し、それが何通りあるかを数えましょう。

2種類の香料だけを用いる $k=2$ の場合、つまり5本の縦棒が2つに分割されて横棒で結んであるものは、次の15通りです。

坂は、一般の $n$ と $k\,(1 \leq k \leq n)$ に対して何通りあるかを求める漸化式を発見し、著書『算法学海』(1782年)で公表しました。その中で、$n \leq 11$ の結果を表にしているとのことです。

坂の漸化式を紹介する前に、ここでも記号の準備です。

今日では(区別のつく) $n$ 個の要素からなる集合を $k$ 個に分ける分割の個数は、第2種スターリング数と呼ばれています。ここでは $\left\{ n \atop k \right\}$ と記すことにします。他にも、$S(n,\,k)$ や $S_n^k$ など様々な記号が用いられています($Sum$ の $S$ は和に用いられることが多く、$S$ を伸ばした $\int$ は積分に用いられています)。

偶然にも、スターリングも(後世の)坂も $S$ ですね。もっとも研究の動機は別々で、スターリングは「代数」(解析)でしたが、坂は源氏香のような「場合の数」でした。

坂の発見した漸化式は次のようなものです。ただし $\left\{ {1 \atop 1} \right\} = 1$ とし、$k<1$ 、$n<k$ では $\left\{ {n \atop k} \right\} = 0$ とします。

**《第2種スターリング数の漸化式》**

$$\left\{ {n+1 \atop k} \right\} = \left\{ {n \atop k-1} \right\} + k \left\{ {n \atop k} \right\}$$

こちらも、このたった1行の漸化式から、源氏香の個数だけでなく、その描き方(集合の分割法)も分かります。

##  漸化式から「第2種スターリング数の三角形」を作ろう

まずは漸化式を、源氏香との関連で見てみましょう。

**問** 香料を $n$ 回炷いたとき、用いた香料が $k$ 種となる場合を $\left\{ {n \atop k} \right\}$ 通りとします。このとき、上の第2種スターリング数の漸化式をみたすことを確かめましょう。

これまでの $n$ 回に $n+1$ 回目が追加されて、全部で $n+1$ 回炷いたとします。この $n+1$ 回で用いた香料が $k$ 種となる「場合の数」$\left\{ {n+1 \atop k} \right\}$ 通りを見てみます。

このとき$k$種となるのは、次の2通りの場合しかありえません。回数が1回増えただけで、香料の種類が2種増えたり、まして減ったりすることはないのです。

[場合1] (新規)

($n$回での) $k-1$種に、$n+1$回目で新たな種類が加わって、$k$種となる場合です。この場合は、$n$回での$k-1$種と同じ $\left\{ {n \atop k-1} \right\}$ 通りあります。

[場合2] (同じ)

($n$回での) $k$種のどれかと$n+1$回目が同じで(横棒で結び)、$k$種のままの場合です。この場合は(同じ相手は$k$種のどれかで) $k$ 通りあることから、$n$回で$k$種となる $\left\{ {n \atop k} \right\}$ 通りの $k$ 倍となり、$k \left\{ {n \atop k} \right\}$ 通りとなります。

[場合1(新規)] [場合2(同じ)] を合わせると、

$$\left\{ {n+1 \atop k} \right\} = \left\{ {n \atop k-1} \right\} + k \left\{ {n \atop k} \right\}$$

となります。

さて$p.23$でパスカルの三角形を道順で見たとき、「左上」か「右上」のどちらかを通る場合しかありませんでした。

今回の第2種スターリング数も、先ほどの「場合1」「場合2」のどちらかの場合しかないのです。つまりは、似たような漸化式から求まってくるということです。

そこで第2種スターリング数も、パスカルの三角形のように並べてみましょう。ただし今回は0行や0番目はありません。$\begin{Bmatrix} n \\ k \end{Bmatrix}$は$n$行$k$番目に並べます。また今回は、そのままたし算するのではなく、$k$番目だったら「右上」を$k$倍してからたし算します。ちなみに$\begin{Bmatrix} 1 \\ 1 \end{Bmatrix} = 1$、$k < 1$、$n < k$では$\begin{Bmatrix} n \\ k \end{Bmatrix} = 0$とします。

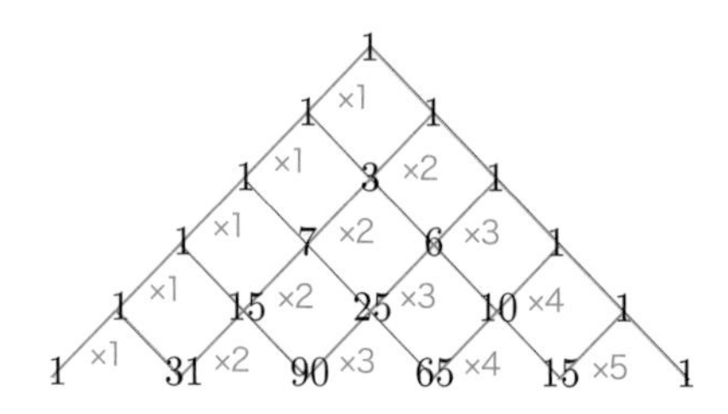


第2種スターリング数の三角形で、$n$行の数をたし算すると、「ベル数」$B(n)$となります。

「第2種スターリング数」と「ベル数」

1 ← $B(1) = 1$

1　1 ← $B(2) = 2$

1　3　1 ← $B(3) = 5$

1　7　6　1 ← $B(4) = 15$

1　15　25　10　1 ← $B(5) = 52$

1　31　90　65　15　1 ← $B(6) = 203$

例えば5行目の和は、(5香の) 源氏香図52通りです。

香料を5回炷くとき、(結果的に使われた) 香料の種類が1種の場合は1通り、2種の場合は$p.39$の15通り、3種の場合は25通り、4種の場合は10通り、5種の場合は1通りです。

その総数は、$1+15+25+10+1=52$の$B(5)=52$通りとなります。

## 「$n=4$の香図」を描き上げよう

それでは香図を、(漸化式ということで) $n=1$から順に描いていきましょう。

【$n=1$】

[$k=1$]　$\left\{ \begin{matrix} 1 \\ 1 \end{matrix} \right\} = 1$

ちなみに$B(1)=1$(個) です。

【$n=2$】

[$k=1$]　$\left\{ \begin{matrix} 2 \\ 1 \end{matrix} \right\} = \left\{ \begin{matrix} 1 \\ 0 \end{matrix} \right\} + 1 \left\{ \begin{matrix} 1 \\ 1 \end{matrix} \right\} = 0 + 1 \cdot 1 = 1$

[$k=2$]　$\left\{ \begin{matrix} 2 \\ 2 \end{matrix} \right\} = \left\{ \begin{matrix} 1 \\ 1 \end{matrix} \right\} + 2 \left\{ \begin{matrix} 1 \\ 2 \end{matrix} \right\} = 1 + 2 \cdot 0 = 1$

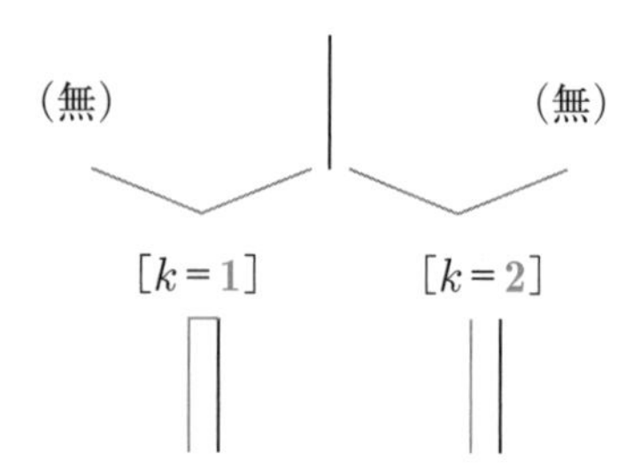


この $[k=1]$ は「右上」(同じ)、$[k=2]$ は「左上」(新規) から描いています。

$[k=1][k=2]$ から $B(2)=1+1=2$ (個) です。

【$n=3$】(三種香)

$[k=1]$ $\quad \left\{ {3 \atop 1} \right\} = \left\{ {2 \atop 0} \right\} + 1 \left\{ {2 \atop 1} \right\} = 0 + 1 \cdot 1 = 1$

$[k=3]$ $\quad \left\{ {3 \atop 3} \right\} = \left\{ {2 \atop 2} \right\} + 3 \left\{ {2 \atop 3} \right\} = 1 + 3 \cdot 0 = 1$

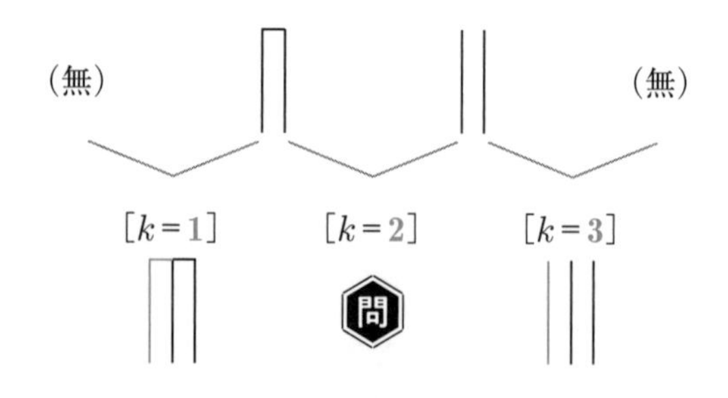


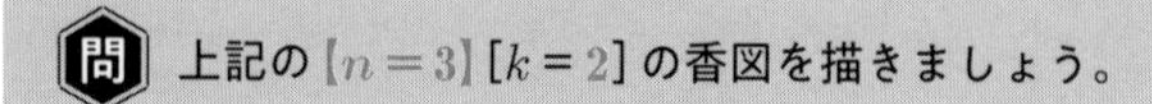

上記の【$n=3$】$[k=2]$ の香図を描きましょう。

$[k=2]\quad \left\{ \begin{matrix} 3 \\ 2 \end{matrix} \right\} = \left\{ \begin{matrix} 2 \\ 1 \end{matrix} \right\} + 2 \left\{ \begin{matrix} 2 \\ 2 \end{matrix} \right\} = 1 + 2 \cdot 1 = 3$

次の「左上」(新規) から1個、「右上」(同じ) から $2 \cdot 1 = 2$ 個の合計3個を描きます。

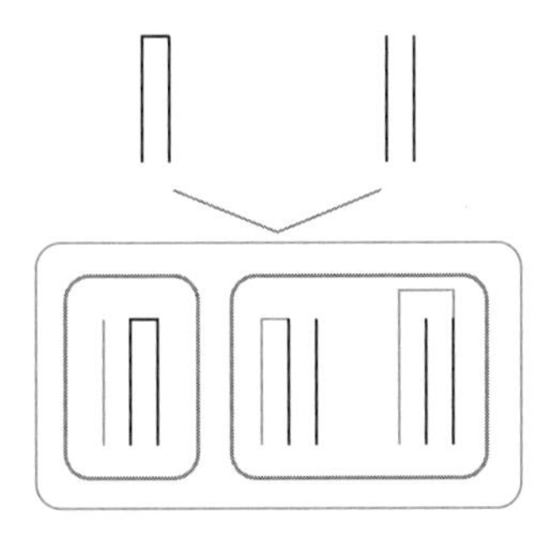

$[k=1]\,[k=2]\,[k=3]$ から $B(3) = 1 + 3 + 1 = 5$ (個) です。

【$n=4$】(系図香)

同様にして $[k=1]$ と $[k=4]$ の図は、下記の両端となります。

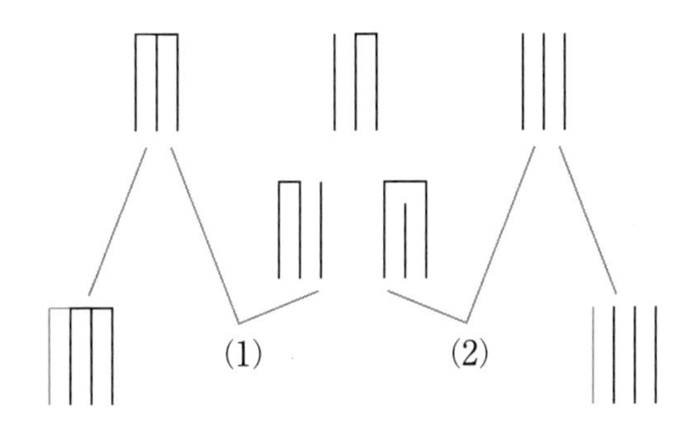

 p.45 下 (1)(2)の香図を描きましょう。

(1)【$n=4$】[$k=2$] の図

(2)【$n=4$】[$k=3$] の図

(1)【$n=4$】

[$k=2$]　$\left\{ \begin{matrix} 4 \\ 2 \end{matrix} \right\} = \left\{ \begin{matrix} 3 \\ 1 \end{matrix} \right\} + 2 \left\{ \begin{matrix} 3 \\ 2 \end{matrix} \right\} = 1 + 2 \cdot 3 = 7$

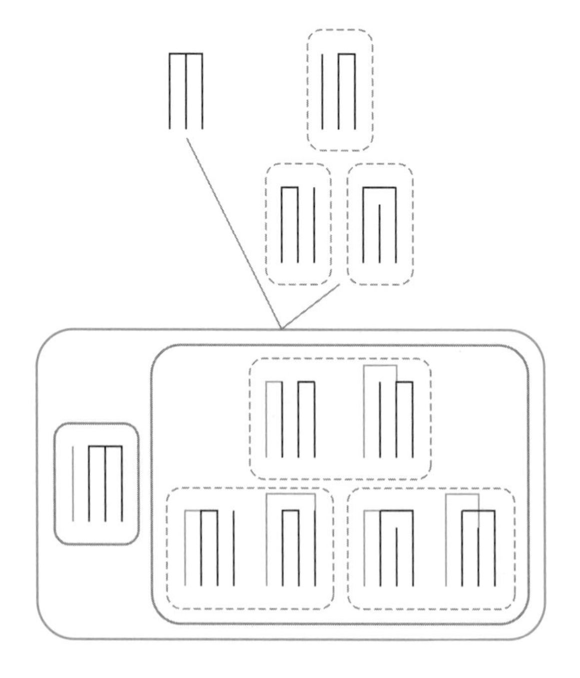

(2) $[k=3]$　$\left\{ {4 \atop 3} \right\} = \left\{ {3 \atop 2} \right\} + 3\left\{ {3 \atop 3} \right\} = 3+3\cdot 1=6$

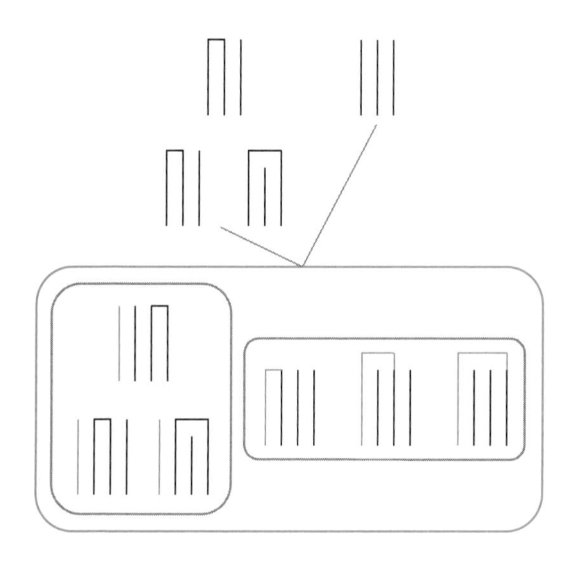

$[k=1]$ $[k=2]$ $[k=3]$ $[k=4]$ から $B(4)=1+7+6+1=15$（個）です。

## 源氏香図のミステリー（2）

源氏香図を見ていると、誰だって不思議に思います。いったいどういう順序で並んでいるのだろうと。

「ベル数の漸化式」から描いたものとは、一致していません。$p.29 \sim p.31$の番号を見るとバラバラです。

「第2種スターリング数の漸化式」から描いたものとも、一致していません。もしそうなら、香種が少ない方から順に並ぶはずです。でも源氏香図の最初の方を見ても、そうはなっていません。

この「源氏香図の並べ方の順序」がどうなっているのかが、よく話題になるミステリーです。

そもそも何ら特別な順序で並べられていない可能性は大です。それは日本に限らず、世界中で見られることのようです。しかも世界では、不完全なリストでしかないことが多いそうです。

日本では和算家達が着目するはるか以前から、源氏香図の完全なリストが完成していました。何とも誇らしいことですね。

## 漸化式から「第1種スターリング数の三角形」を作ろう

第2種スターリング数というからには、第1種スターリング数もあるはずですよね。

もっともスターリングが、自らスターリング数と称したわけではありません。「第1種、第2種」スターリング数との呼称は、ガンマ関数についての著作の中で、Nielsenが用いたのが最初とのことです。しかもスターリング自身は、第2種の方を先に導入していたようなのです。〈参考文献[5] $p.23$ 脚注〉

第1種スターリング数は、次の漸化式から求まってくる数です。ここでは $\begin{bmatrix} n \\ k \end{bmatrix}$ と記しますが、第2種と同様 $s(n,\ k)$ や $c(n,\ k)$ や $S_n^k$ など様々な記号が用いられています。しかも書籍によっては、これに $(-1)^{n-k}$ を付けたものとすることもあるので注意し

てください。またその場合を、符号付第1種スターリング数と呼ぶこともあります。〈$p$.106参照〉

$\begin{bmatrix}1\\1\end{bmatrix}=1$ とし、$k<1$、$n<k$では $\begin{bmatrix}n\\k\end{bmatrix}=0$とします。

**《第1種スターリング数の漸化式》**

$$\begin{bmatrix}n+1\\k\end{bmatrix}=\begin{bmatrix}n\\k-1\end{bmatrix}+n\begin{bmatrix}n\\k\end{bmatrix}$$

第1種スターリング数の三角形でも、0行や0番目はありません。$\begin{bmatrix}n\\k\end{bmatrix}$は$n$行$k$番目に並べます。

第2種の$n+1$行$k$番目は、「右上」($n$行$k$番目)を$k$倍しました。第1種の$n+1$行$k$番目は、「右上」($n$行$k$番目)を$n$倍します。

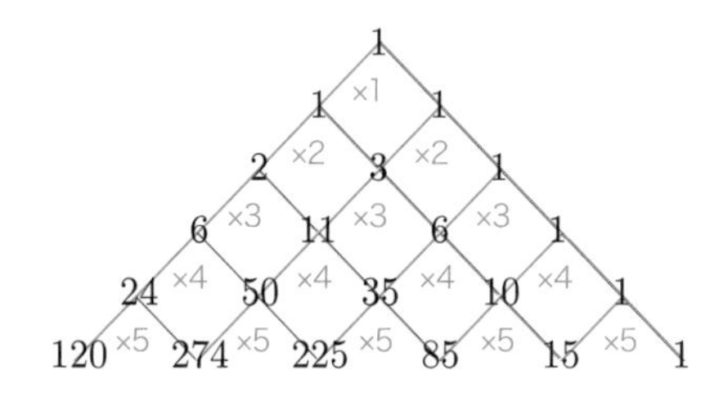


第2種スターリング数の三角形では、各行の和はベル数となっていました。第1種スターリング数の三角形では、これから見ていくように階乗(!)となってきます。$n$の階乗は、$n!=n(n-1)(n-2)\cdot\cdots\cdot2\cdot1$です。ただし$0!=1$とします。

「第1種スターリング数」と「階乗($n!$)」

| | | | | | | |
|---|---|---|---|---|---|---|
| 1 | | | | | | ← 1! = 1 |
| 1 | 1 | | | | | ← 2! = 2 |
| 2 | 3 | 1 | | | | ← 3! = 6 |
| 6 | 11 | 6 | 1 | | | ← 4! = 24 |
| 24 | 50 | 35 | 10 | 1 | | ← 5! = 120 |
| 120 | 274 | 225 | 85 | 15 | 1 | ← 6! = 720 |

## 「置換」を「プレゼント交換」で見てみよう

第1種スターリング数となる例に、置換(ちかん)があります。置換は、例えるならプレゼント交換です。

1、2、3、4、5の5人でプレゼント交換をしたとします。クジを引いたら、それぞれ 3、4、1、5、2が持参した品が当たりました。このことを次のような記号で表します。上の人が当たったのは、下の人が持参した品です。

$$\begin{pmatrix} 1 & 2 & 3 & 4 & 5 \\ 3 & 4 & 1 & 5 & 2 \end{pmatrix}$$

このとき、5人は1、2、3、4、5 の順に並んでいる必要はないので、次のように並べ変えても、全く同一のプレゼント交換(置換)です。

$$\begin{pmatrix} 1 & 3 & 2 & 4 & 5 \\ 3 & 1 & 4 & 5 & 2 \end{pmatrix}$$

このプレゼント交換は、1、3の“交換”(互換)と、2、4、5のいわば“ぐるぐる交換”(巡回置換)になっています。これを次のように表します。(13)や(245)はサイクルと呼ばれています。

$$\begin{pmatrix} 1 & 3 & 2 & 4 & 5 \\ 3 & 1 & 4 & 5 & 2 \end{pmatrix} = \begin{pmatrix} 1 & 3 \\ 3 & 1 \end{pmatrix}\begin{pmatrix} 2 & 4 & 5 \\ 4 & 5 & 2 \end{pmatrix} = (13)(245)$$

ちなみに(13)は(31)、(245)は(452)や(524)としても同一です。

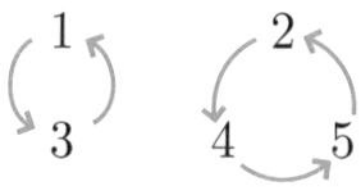

1
3
2
4 5

この先は、プレゼント交換で「1人追加」するとどうなるかを見ていきましょう。

例えば(123)に4を追加して、しかもサイクルを増やさないためには、4をどこかに割り込ませることになります。

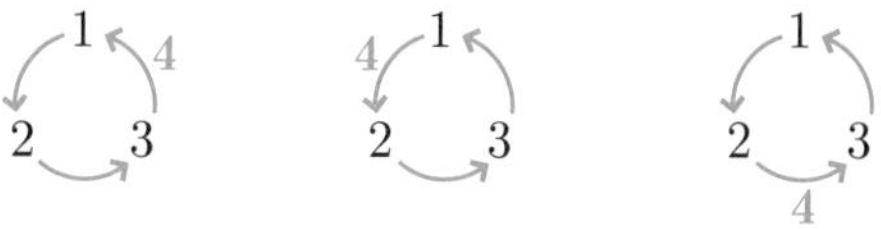

1 4
2 3

4 1
2 3

1
2 3
4

割り込んだ「4の先」は、1、2、3のどれかです。

それに従って、サイクルは次のようになってきます。

(123) → (4123)、(123) → (1423)、(123) → (1243)

プレゼント交換において、$n$は人数、$k$はサイクルの個数とします。自分$i$の持参した品に当たってしまう単独の$(i)$も、サイクル1個と数えます。

それでは$n$人でプレゼント交換をしたら、どうなるか見ていきましょう。

3人 ($n=3$) でプレゼント交換をしたとき、起こりうる可能性をすべて書きましょう。(□に数を記入します)

$$\begin{pmatrix} 1 & 2 & 3 \\ \square & \square & \square \end{pmatrix}\begin{pmatrix} 1 & 2 & 3 \\ \square & \square & \square \end{pmatrix}\begin{pmatrix} 1 & 2 & 3 \\ \square & \square & \square \end{pmatrix}\begin{pmatrix} 1 & 2 & 3 \\ \square & \square & \square \end{pmatrix} \cdots\cdots$$

1の下は1、2、3の3通り、2の下は残りの2通り、3の下はそのまた残りの1通りで、全部で$3\cdot2\cdot1=6$通りとなります。

その$3!=3\cdot2\cdot1=6$個の置換は、次の通りです。

$$\begin{pmatrix} 1&2&3 \\ 1&2&3 \end{pmatrix}\begin{pmatrix} 1&2&3 \\ 1&3&2 \end{pmatrix}\begin{pmatrix} 1&2&3 \\ 2&1&3 \end{pmatrix}\begin{pmatrix} 1&2&3 \\ 2&3&1 \end{pmatrix}\begin{pmatrix} 1&2&3 \\ 3&1&2 \end{pmatrix}\begin{pmatrix} 1&2&3 \\ 3&2&1 \end{pmatrix}$$

同様に数えると、$n$人なら、$n!=n(n-1)(n-2)\cdot\cdots\cdot2\cdot1$個となります。

前問の置換6個を、サイクルの個数で分けてみましょう。

(1) サイクル1個 ($k=1$)

(2) サイクル2個 ($k=2$)

(3) サイクル3個 ($k=3$)

まずは、前問の結果をサイクル表示しておきます。

$$\begin{pmatrix}1&2&3\\1&2&3\end{pmatrix}=(1)(2)(3)\quad、\quad\begin{pmatrix}1&2&3\\1&3&2\end{pmatrix}=(1)(23)$$

$$\begin{pmatrix}1&2&3\\2&1&3\end{pmatrix}=(12)(3)\quad、\quad\begin{pmatrix}1&2&3\\2&3&1\end{pmatrix}=(123)$$

$$\begin{pmatrix}1&2&3\\3&1&2\end{pmatrix}=(132)\quad、\quad\begin{pmatrix}1&2&3\\3&2&1\end{pmatrix}=(13)(2)$$

(1) サイクル1個は2つで、 (123)、(132)
(2) サイクル2個は3つで、 (1)(23)、(12)(3)、(13)(2)
(3) サイクル3個は1つで、 (1)(2)(3)

サイクルの個数$k$で分けた問の(1)、(2)、(3)の個数は、順に$p.50$の三角形の3行目の「2、3、1」となっていますね。その和は3個の置換の総数$2+3+1=6=3!$です。

同様に第1種スターリング数の三角形での$n$行の和は、$n$個の置換の総数である$n$の階乗$(n!)$となってきます。

## 「置換」を「サイクルの個数」で見てみよう

$n$人でのプレゼント交換($n$個の置換)を、サイクルの個数$k$に着目して見ていきましょう。

$n$ 人でのプレゼント交換において、サイクルの個数が $k$ となる場合を $\begin{bmatrix} n \\ k \end{bmatrix}$ 通りとしたとき、次の第1種スターリング数の漸化式をみたすことを確認しましょう。

$$\begin{bmatrix} n+1 \\ k \end{bmatrix} = \begin{bmatrix} n \\ k-1 \end{bmatrix} + n\begin{bmatrix} n \\ k \end{bmatrix}$$

$n$ 人でのプレゼント交換のはずだったのが、1人(「$n+1$」番さん)増えて $n+1$ 人になったとします。このとき、サイクルが $k$ 個となる場合を見てみましょう。

サイクルが $k$ 個となるのは、次の2通りの場合しかありえません。人数が1人増えたとき、サイクルが2個増えたり、まして減ったりすることはないのです。

[場合1](単独)

($n$ 人での)サイクル $k-1$ 個に、単独サイクル $(n+1)$ が1個加わって、サイクル $k$ 個となる場合です。この場合は、$n$ 人でのサイクル $k-1$ 個と同じ $\begin{bmatrix} n \\ k-1 \end{bmatrix}$ 通りあります。

(例)　(123)　⇒　(123)(4)

(1)(23)　⇒　(1)(23)(4)

[場合2](割り込み)

$k$ 個のサイクルのどれかに「$n+1$」番さんが割り込んで、サイクルが$k$個のままの場合です。この場合は(p.51で見たように)割り込む先が$n$通りあることから、$n$人でのサイクル$k$個である$\begin{bmatrix} n \\ k \end{bmatrix}$通りの$n$倍となり、$n\begin{bmatrix} n \\ k \end{bmatrix}$通りとなります。

(例)　(123)　⇒　(4123)、(1423)、(1243)

　　　(1)(23)　⇒　(41)(23)、(1)(423)、(1)(243)

[場合1(単独)][場合2(割り込み)]を合わせると、

$$\begin{bmatrix} n+1 \\ k \end{bmatrix} = \begin{bmatrix} n \\ k-1 \end{bmatrix} + n\begin{bmatrix} n \\ k \end{bmatrix}$$

となります。

## $n$を増やして「置換」のサイクルを見ていこう

それでは(漸化式ということで)1人のプレゼント交換の場合から順に見ていきましょう。もっとも1人でプレゼント交換はしませんが……。

【$n=1$】

[$k=1$]　$\begin{bmatrix} 1 \\ 1 \end{bmatrix} = 1$

《1個の置換》は[$k=1$]の1個です。

《1個の置換》　(1)

【$n=2$】

上記の《1個の置換》から、《2個の置換》を出していきます。

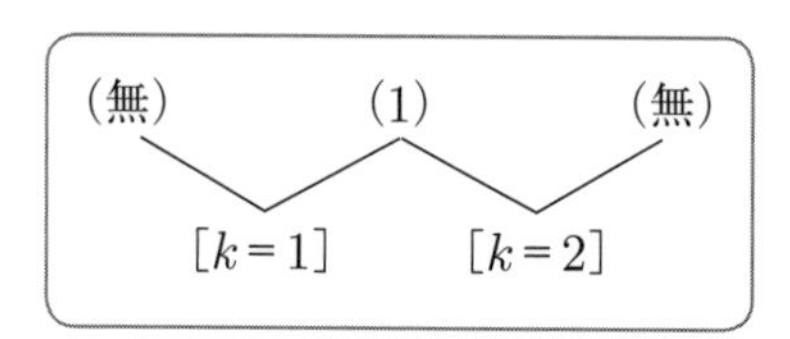


$[k=1]\quad \begin{bmatrix}2\\1\end{bmatrix}=\begin{bmatrix}1\\0\end{bmatrix}+1\begin{bmatrix}1\\1\end{bmatrix}=0+1\cdot 1=1$

$[k=2]\quad \begin{bmatrix}2\\2\end{bmatrix}=\begin{bmatrix}1\\1\end{bmatrix}+1\begin{bmatrix}1\\2\end{bmatrix}=1+1\cdot 0=1$

$[k=1]$ は「右上」(割り込み)、$[k=2]$ は「左上」(単独) から求めます。(21) は (12) と同じです。

(1)
(21)　(1) (2)

《2個の置換》は $[k=1]$ $[k=2]$ を合わせた $1+1=2=2!$ 個です。

《2個の置換》 (12)、(1) (2)

【$n=3$】

続けて上記の《2個の置換》から、《3個の置換》を出していきます。

(無)　(12)　(1)(2)　(無)

[$k=1$]　[$k=2$]　[$k=3$]

[$k=1$]　$\begin{bmatrix}3\\1\end{bmatrix}=\begin{bmatrix}2\\0\end{bmatrix}+2\begin{bmatrix}2\\1\end{bmatrix}=0+2\cdot1=2$（問の下左）

[$k=2$]　問に回します。（問の下中）

[$k=3$]　$\begin{bmatrix}3\\3\end{bmatrix}=\begin{bmatrix}2\\2\end{bmatrix}+2\begin{bmatrix}2\\3\end{bmatrix}=1+2\cdot0=1$（問の下右）

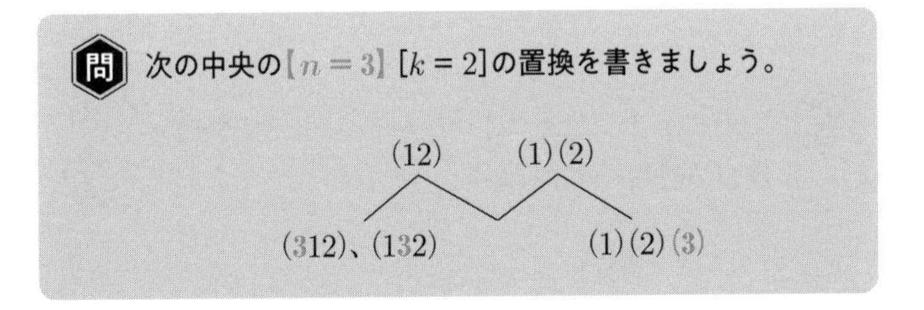


[$k=2$]　$\begin{bmatrix}3\\2\end{bmatrix}=\begin{bmatrix}2\\1\end{bmatrix}+2\begin{bmatrix}2\\2\end{bmatrix}=1+2\cdot1=3$

「左上」(単独）から1個、「右上」(割り込み）から$2\cdot1=2$個で、合計3個は次の通りです。ここで「(31) は (13)」「(32) は (23)」と同じです。

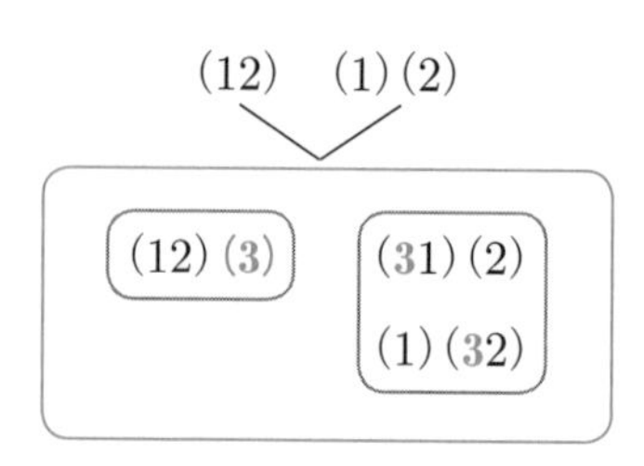


ちなみに《3個の置換》は[$k=1$] [$k=2$] [$k=3$]を合わせた$2+3+1=6=3!$個です。

《3個の置換》

(312)、(132)、(12)(3)、(31)(2)、(1)(32)、(1)(2)(3)

4人($n=4$)でプレゼント交換をしたときの置換を、サイクルの個数で分けて書き上げましょう。

(1) サイクル1個 ($k=1$)

(2) サイクル2個 ($k=2$)

(3) サイクル3個 ($k=3$)

(4) サイクル4個 ($k=4$)

(1) [$k=1$]　$\begin{bmatrix}4\\1\end{bmatrix}=\begin{bmatrix}3\\0\end{bmatrix}+3\begin{bmatrix}3\\1\end{bmatrix}=0+3\cdot2=6$

(4)［$k=4$］　$\begin{bmatrix}4\\4\end{bmatrix}=\begin{bmatrix}3\\3\end{bmatrix}+3\begin{bmatrix}3\\4\end{bmatrix}=1+3\cdot0=1$

(1) は「右上」(割り込み) から$3\cdot2=6$個、(4) は「左上」(単独) から1個出てきます。

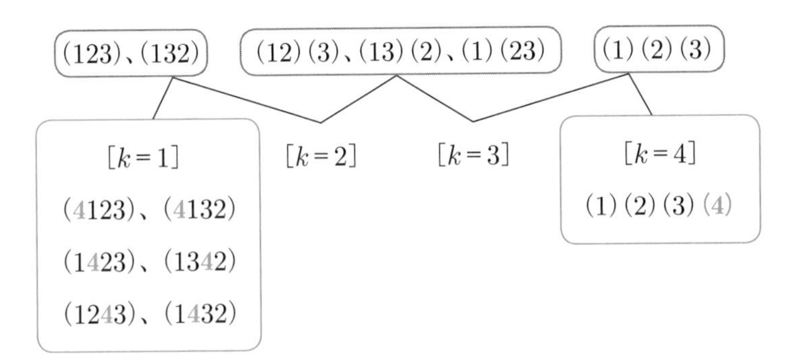


(1)と(4)は上記の通りです。続けて(2)と(3)を見ていきましょう。

(2)［$k=2$］　$\begin{bmatrix}4\\2\end{bmatrix}=\begin{bmatrix}3\\1\end{bmatrix}+3\begin{bmatrix}3\\2\end{bmatrix}=2+3\cdot3=11$

「左上」(単独) から2個、「右上」(割り込み) から$3\cdot3=9$個出てきて、合計11個は次の通りです。

(123)、(132)　　(12)(3)、(13)(2)、(1)(23)

(123)(4)、(132)(4)

(412)(3)、(413)(2)、(41)(23)
(142)(3)、(13)(42)、(1)(423)
(12)(43)、(143)(2)、(1)(243)

(3) $[k=3]$ $\begin{bmatrix} 4 \\ 3 \end{bmatrix} = \begin{bmatrix} 3 \\ 2 \end{bmatrix} + 3\begin{bmatrix} 3 \\ 3 \end{bmatrix} = 3 + 3 \cdot 1 = 6$

「左上」(単独) から3個、「右上」(割り込み) から $3 \cdot 1 = 3$ 個出てきて、合計6個は次の通りです。

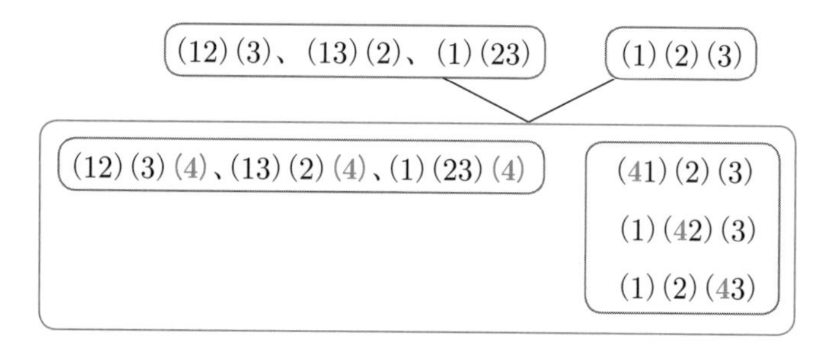


ちなみに《4個の置換》は $[k=1][k=2][k=3][k=4]$ を合わせた $6+11+6+1=24=4!$ 個です。

続けて5人でのプレゼント交換といきたいところですが、さすがに遠慮しておきます。ちなみに、$p.50$の三角形の5行目は次の通りです。

$$24 \quad 50 \quad 35 \quad 10 \quad 1 \quad \leftarrow \quad 5! = 120$$

5人でプレゼント交換したとき、サイクル1個が24個、サイクル2個が50個、サイクル3個が35個、サイクル4個が10個、サイクル1個が1個で、合計120個となります。

# 10種香は何通りか(2)

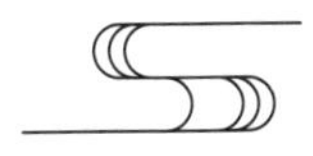

今回は「第2種スターリング数の漸化式」を用いて、コラム①のをもう一度見ていきましょう。

**問 次は何通りの可能性があるでしょうか。**

(1) 6種香（$B(6)$）

(2) 7種香（$B(7)$）

(3) 8種香（$B(8)$）

(4) 9種香（$B(9)$）

(5) 10種香（$B(10)$）

(6) 11種香（$B(11)$）

第2種スターリング数の三角形では、$k$番目は「右上」を$k$倍してから「左上」とたし算します（空白は0です）。

$$
\begin{array}{ccccccccccl}
 & & & & 1 & & & & & & \leftarrow B(1)=1 \\
 & & & 1 & & 1 & & & & & \leftarrow B(2)=2 \\
 & & 1 & & 3 & & 1 & & & & \leftarrow B(3)=5 \\
 & 1 & & 7 & & 6 & & 1 & & & \leftarrow B(4)=15 \\
1 & & 15 & & 25 & & 10 & & 1 & & \leftarrow B(5)=52
\end{array}
$$

左に詰めて書いた場合は、$k$番目は「上」を$k$倍してから「左上」とたし算します（空白は0です）。

(1)(2) [5行]から[6行]を出し、さらに[6行]から[7行]を出すと、それらの和「(1) $B(6)$」「(2) $B(7)$」は次の通りです。

| | ×1 | ×2 | ×3 | ×4 | ×5 | ×6 | | |
|---|---|---|---|---|---|---|---|---|
| [5行] | 1 | 15 | 25 | 10 | 1 | | | ← $B(5)=52$ |
| [6行] | 1 | 31 | 90 | 65 | 15 | 1 | | ← $B(6)=203$ |
| [7行] | 1 | 63 | 301 | 350 | 140 | 21 | 1 | ← $B(7)=877$ |

(3) この先も、「前行」から出していきます。

| | ×1 | ×2 | ×3 | ×4 | ×5 | ×6 | ×7 | |
|---|---|---|---|---|---|---|---|---|
| [7行] | 1 | 63 | 301 | 350 | 140 | 21 | 1 | |
| [8行] | 1 | 127 | 966 | 1701 | 1050 | 266 | 28 | 1 |

$$B(8)=1+127+966+1701+1050+266+28+1$$
$$=4140$$

$B(8)=4140$

(4)

| | ×1 | ×2 | ×3 | ×4 | ×5 | ×6 | ×7 | ×8 | |
|---|---|---|---|---|---|---|---|---|---|
| [8行] | 1 | 127 | 966 | 1701 | 1050 | 266 | 28 | 1 | |
| [9行] | 1 | 255 | 3025 | 7770 | 6951 | 2646 | 462 | 36 | 1 |

$$B(9)=1+255+3025+7770+6951+2646+462+36+1$$
$$=21147$$

$B(9)=21147$

| (5) | ×1 | ×2 | ×3 | ×4 | ×5 | ×6 | ×7 | ×8 | ×9 | |
|---|---|---|---|---|---|---|---|---|---|---|
| [9行] | 1 | 255 | 3025 | 7770 | 6951 | 2646 | 462 | 36 | 1 | |
| [10行] | 1 | 511 | 9330 | 34105 | 42525 | 22827 | 5880 | 750 | 45 | 1 |

$$
\begin{aligned}
B(10) &= 1+511+9330+34105+42525+22827+5880 \\
&\quad +750+45+1 \\
&= 115975
\end{aligned}
$$

$\boxed{B(10)=115975}$

| (6) | ×1 | ×2 | ×3 | ×4 | ×5 | ×6 | ×7 | ×8 | ×9 | ×10 | |
|---|---|---|---|---|---|---|---|---|---|---|---|
| [10行] | 1 | 511 | 9330 | 34105 | 42525 | 22827 | 5880 | 750 | 45 | 1 | |
| [11行] | 1 | 1023 | 28501 | 145750 | 246730 | 179487 | 63987 | 11880 | 1155 | 55 | 1 |

$$
\begin{aligned}
B(11) &= 1+1023+28501+145750+246730+179487+63987 \\
&\quad +11880+1155+55+1 \\
&= 678570
\end{aligned}
$$

$\boxed{B(11)=678570}$

十種香の図は115975個にもなります。1ページに50個の図を載せても、2300ページ以上になってしまいます。描くのはおろか、見る気にもなりませんよね。

上巻・下巻からなる『十種香　暗部山』(写本)という冊子が残されています。〈参考文献[3] *p.*18の写真〉でもこれは、十種香の香図を掲載したものではありません。あくまでも香道伝書で、下巻は香道具の図録と解説です。その中に源氏香図も描かれています。源氏香をする場合は、10種の香木の中から5種を選んでやることになります。

当時の上流階級の息女は、御嫁入りの際に十種香箱を持っていくのが慣例だったとのことです。〈参考文献[3] *p.* 19、*p.* 24の写真〉

# 3章

# スターリングのスターリング数

高校では「場合の数」で組合せ${}_{n}\mathrm{C}_{k}$を学びます。その${}_{n}\mathrm{C}_{k}$は二項定理でも出てきます。「二項係数」$\binom{n}{k} = {}_{n}\mathrm{C}_{k}$には、「場合の数」と「代数」の側面があるのです。スターリング数にもこの二面性があり、スターリングは「代数」の側面から研究しました。

## 「二項係数」の関係式を代数の側面から見てみよう

$n$個から$k$個を選ぶ組合せ(Combination)の数${}_{n}\mathrm{C}_{k}$は、二項係数とも呼ばれています。二項係数は$\binom{n}{k}$と記されるのが一般的です。

さて$x+1$、$x+y$、$x^2y-2z$等は、どれも項が2個あり、つまりは二項からなる多項式です。

$$\boxed{x}\boxed{+1}\ ,\ \boxed{x}\boxed{+y}\ ,\ \boxed{x^2y}\boxed{-2z}$$

もっとも、このままでは話が始まりません。これらを何乗かして、展開したときの「係数」に着目します。すると係数が、$p.22$の漸化式をみたすのです。つまり係数は$\binom{n}{k}$である、というのが二項定理です。$\binom{n}{0}=1$とします(下記で$a^0=b^0=1$)。

**《二項定理》** ($n$は正の整数)

$$(a+b)^n = \binom{n}{0}a^nb^0 + \binom{n}{1}a^{n-1}b^1 + \binom{n}{2}a^{n-2}b^2 + \cdots + \binom{n}{n-1}ab^{n-1} + \binom{n}{n}a^0b^n$$

$$(a+b)^1 = 1a + 1b$$
$$(a+b)^2 = 1a^2 + 2ab + 1b^2$$
$$(a+b)^3 = 1a^3 + 3a^2b + 3ab^2 + 1b^3$$
$$(a+b)^4 = 1a^4 + 4a^3b + 6a^2b^2 + 4ab^3 + 1b^4$$
$$(a+b)^5 = 1a^5 + 5a^4b + 10a^3b^2 + 10a^2b^3 + 5ab^4 + 1b^5$$

例えば$(a+b)^4$の展開は、$(a+b)^3 = 1a^3 + 3a^2b + 3ab^2 + 1b^3$から次のようにして求まります。

$$\begin{aligned}(a+b)^4 &= (a+b)(a+b)^3 \\ &= a(1a^3 + 3a^2b + 3ab^2 + 1b^3) \\ &\qquad + b(1a^3 + 3a^2b + 3ab^2 + 1b^3) \\ &= 1a^4 \boxed{\begin{matrix}+3\\+1\end{matrix}}\, a^3b \boxed{\begin{matrix}+3\\+3\end{matrix}}\, a^2b^2 \boxed{\begin{matrix}+1\\+3\end{matrix}}\, ab^3 + 1b^4 \\ &= 1a^4 + 4a^3b + 6a^2b^2 + 4ab^3 + 1b^4\end{aligned}$$

見ての通り、係数は$p.22$の漸化式から求まっていますね。

さて$\binom{n}{k}$が上記の係数（二項係数）ということから、次のようなことが分かります。

例えば$a=1$、$b=1$とすると、二項係数の和が出ます。

$$2^n = \binom{n}{0} + \binom{n}{1} + \binom{n}{2} + \cdots\cdots + \binom{n}{n-1} + \binom{n}{n}$$

$a=1$、$b=-1$とすると、二項係数の交代和が出ます。

$$0=\binom{n}{0}-\binom{n}{1}+\binom{n}{2}-\cdots\cdots+(-1)^n\binom{n}{n}$$

今度は$a=1$、$b=x$とすると、まず次になります。

$$(1+x)^n=\binom{n}{0}+\binom{n}{1}x^1+\binom{n}{2}x^2+\binom{n}{3}x^3+\cdots+\binom{n}{n}x^n$$

これを$x$で微分すると、次の通りです。

$$n(1+x)^{n-1}=\binom{n}{1}+2\binom{n}{2}x+3\binom{n}{3}x^2+\cdots+n\binom{n}{n}x^{n-1}$$

この式に$x=1$を代入すると、次が出てきます。

$$n\cdot 2^{n-1}=\binom{n}{1}+2\binom{n}{2}+3\binom{n}{3}+\cdots+n\binom{n}{n}$$

3行目の$(1+x)^n$の式を、今度は(微分ではなく)0から$t$まで積分してみます。

$$\frac{1}{n+1}\{(1+t)^{n+1}-1\}$$
$$=\binom{n}{0}t+\frac{1}{2}\binom{n}{1}t^2+\frac{1}{3}\binom{n}{2}t^3+\cdots+\frac{1}{n+1}\binom{n}{n}t^{n+1}$$

これに$t=1$を代入すると、次が出てきます。

$$\frac{1}{n+1}(2^{n+1}-1)=\binom{n}{0}+\frac{1}{2}\binom{n}{1}+\frac{1}{3}\binom{n}{2}+\cdots+\frac{1}{n+1}\binom{n}{n}$$

$\binom{n}{k}$の「代数」の側面、つまり多項式の係数（二項係数）に着目することで、これらが簡単に出てきましたね。

## 二項係数の「一般項」を場合の数から求めよう

二項定理を介さなくても、漸化式から直接的に分かることもあります。ちなみに漸化式から出てきた数を、三角形に並べたのがパスカルの三角形です（空白は0）。

$$
\begin{array}{ccccccccccccl}
 & & & & & 1 & & & & & & & \leftarrow 0\text{行} \\
 & & & & 1 & & 1 & & & & & & \leftarrow 1\text{行} \\
 & & & 1 & & 2 & & 1 & & & & & \leftarrow 2\text{行} \\
 & & 1 & & 3 & & 3 & & 1 & & & & \leftarrow 3\text{行} \\
 & 1 & & 4 & & 6 & & 4 & & 1 & & & \leftarrow 4\text{行} \\
1 & & 5 & & 10 & & 10 & & 5 & & 1 & & \leftarrow 5\text{行}
\end{array}
$$

各行で0番目、1番目、……と数えていったとき、「1番目」の数はそれぞれ次の通りです（くれぐれも0番目から数えます）。

1、$1+1=2$、$1+2=3$、$1+3=4$、$1+4=5$、……

「$n$行1番目」の数は$n$です（0行1番目の空白も0です）。

 パスカルの三角形で、「$n$行2番目」の数は何でしょうか。

2番目の数は、次のようにして出てきました。

1、2＋1＝3、3＋3＝6、4＋6＝10、…

これらは、（順に代入すると）次のようになっています。

1、2＋1＝3、3＋(2＋1)＝6、4＋(3＋2＋1)＝10、…

「$n$行2番目」の数は、次の通りです。

$$(n-1)+((n-2)+\cdots+3+2+1)=\boxed{\frac{n(n-1)}{2}}$$

ここで $\frac{n(n-1)}{2}=\frac{n!}{2!(n-2)!}$ です。

「場合の数」では、$\binom{n}{k}$ は（区別のつく）$n$個から$k$個を取り出す組合せの数です。このことから「$n$行$k$番目」の数 $\binom{n}{k}$ は、じつは次のように求まります。ここで$n!$は$n$の階乗 $n!=n(n-1)(n-2)\cdot\cdots\cdot2\cdot1$です。$0!=1$とします。

$$\binom{n}{k}={}_n\mathrm{C}_k=\frac{n!}{k!(n-k)!}$$

この式を、$\binom{5}{3}={}_5C_3$を例にして確認してみましょう。(区別のつく)5個から3個を取り出す方法が何通りあるかを数えます。

まず5個から1つ目を選ぶのが5通り、残り4個から2つ目を選ぶのが4通り、残り3個から3つ目を選ぶのが3通りで、全部で5・4・3通り、ではありません。じつは、これでは選ぶ順序が入れかわると、別の選び方と数えてしまっているのです。

3個の順序を入れかえた3・2・1通りはどれも同じ選び方なので、実際はその「3・2・1分の1」通りです。

$$\binom{5}{3}={}_5C_3=\frac{5\cdot4\cdot3}{3\cdot2\cdot1}=\frac{5\cdot4\cdot3\cdot2\cdot1}{3\cdot2\cdot1\times2\cdot1}=\frac{5!}{3!(5-3)!}$$

$\binom{n}{k}$の場合も、同じようにして$\dfrac{n!}{k!(n-k)!}$と出てきます。「場合の数」の側面から、$\binom{n}{k}$の一般項が求まりましたね。

## 「べき乗」を「下降階乗」で表そう

第2種スターリング数$\left\{ n \atop k \right\}$は、ここではp.40の漸化式をみたす数としました。

$\left\{ n \atop k \right\}$は、「場合の数」としては(区別のつく)$n$個を$k$個に分割する組合せの数です。源氏香は$n=5$で、香料を5回炷いたとき、用いた香料が$k$種となるのが何通りあるかという数でした。

じつはスターリングは、「場合の数」の観点から、この数に着目したのではありません。出版した*Methodus Differentialis*(『微分法』)

の巻頭の「級数の形と変形」で、この数を導入したのです。〈参考文献［1］$p.168$〉

その変形とは、「べき乗」$x$、$x^2$、$x^3$、… を「下降階乗」$x$、$x(x-1)$、$x(x-1)(x-2)$、… で表すというものでした。

それでは実際に、最初の方の$x$、$x^2$、$x^3$を下降階乗で表してみましょう。

**問　次の係数 $a$、$b$、$c$ を求めましょう。**

(1) $x=ax$

(2) $x^2=ax+bx(x-1)$

(3) $x^3=ax+bx(x-1)+cx(x-1)(x-2)$

(1) もちろん $\boxed{a=1}$ です。$x=1x$ です。

(2) 両辺の$x^2$の係数を比較すると、まず $\boxed{b=1}$ です。

$$x^2=ax+1x(x-1)$$

この式に$x=1$を代入すると、$\boxed{1=a}$ と出てきます。

$x^2=1x+1x(x-1)$ です。

(3) $p.67$の二項定理では、1つ次数の低い式に持ち込みました。

そこで、同じように1つ次数の低い式

$$x^2=1x+1x(x-1)$$

から出すことを考えましょう。

この両辺に$x$をかけます。

$$
\begin{aligned}
x^3 &= 1x^2 + 1x^2(x-1) \\
&= x^2 + x^2(x-1) \\
&= \{1x + 1x(x-1)\} + \{1x + 1x(x-1)\}(x-1) \\
&= 1x + 2x(x-1) + 1x(x-1)(x-1) \\
&= 1x + 2x(x-1) + 1x(x-1)\{(x-2)+1\} \\
&= 1x + 3x(x-1) + 1x(x-1)(x-2)
\end{aligned}
$$

以上から $a=1$、$b=3$、$c=1$ です。

$x^3 = 1x + 3x(x-1) + 1x(x-1)(x-2)$ です。

ここまでの係数は、$p.40$の漸化式から出てくる第2種スターリング数と一致しています。〈$p.42$参照〉

$$
\begin{matrix}
 & & 1 & & \\
 & 1 & & 1 & \\
1 & & 3 & & 1
\end{matrix}
$$

そこで、これまでの結果を次のように記すことにします。

(1) $x = \left\{ {1 \atop 1} \right\} x$

(2) $x^2 = \left\{ {2 \atop 1} \right\} x + \left\{ {2 \atop 2} \right\} x(x-1)$

(3) $x^3 = \left\{ {3 \atop 1} \right\} x + \left\{ {3 \atop 2} \right\} x(x-1) + \left\{ {3 \atop 3} \right\} x(x-1)(x-2)$

それでは引き続き、$x^4$を求めていきましょう。

p.73下(3)の両辺に$x$をかけると、次のようになります。

$$x^4 = \left\{ \begin{matrix} 3 \\ 1 \end{matrix} \right\} x^2 + \left\{ \begin{matrix} 3 \\ 2 \end{matrix} \right\} x^2 (x-1) + \left\{ \begin{matrix} 3 \\ 3 \end{matrix} \right\} x^2 (x-1)(x-2)$$

ここで$x^2 = x + x(x-1)$ですが、問題は$x^2(x-1)$や$x^2(x-1)(x-2)$がどうなるかです。

まずは、これらを求めておきましょう。

**問** 次の係数$a$、$b$を求めましょう。

(1) $x^2(x-1) = ax(x-1) + bx(x-1)(x-2)$

(2) $x^2(x-1)(x-2)$

$= ax(x-1)(x-2) + bx(x-1)(x-2)(x-3)$

(3) $x^2(x-1)(x-2)(x-3)$

$= ax(x-1)(x-2)(x-3) + bx(x-1)(x-2)(x-3)(x-4)$

(1) 両辺の$x^3$の係数を比較すると、まず $\boxed{b=1}$ です。

$$x^2(x-1) = ax(x-1) + 1x(x-1)(x-2)$$

この式に$x=2$を代入すると

$$2^2(2-1) = a2(2-1)$$

$$\boxed{2=a}$$

(2) 両辺の$x^4$の係数を比較すると、まず $b=1$ です。

$$x^2(x-1)(x-2)$$
$$=ax(x-1)(x-2)+1x(x-1)(x-2)(x-3)$$

この式に$x=3$を代入すると

$$3^2(3-1)(3-2)=a3(3-1)(3-2)$$
$$3=a$$

(3) 同様にして $a=4$、$b=1$ と出てきます。

これまでの結果は次の通りです。

(1) $x^2(x-1)=2x(x-1)+x(x-1)(x-2)$

(2) $x^2(x-1)(x-2)$

$$=3x(x-1)(x-2)+x(x-1)(x-2)(x-3)$$

(3) $x^2(x-1)(x-2)(x-3)$

$$=4x(x-1)(x-2)(x-3)$$
$$+x(x-1)(x-2)(x-3)(x-4)$$

一般の場合も同様にして、次が出てきます。

$$x^2(x-1)(x-2)\cdots(x-(k-1))$$
$$=kx(x-1)(x-2)\cdots(x-(k-1))$$
$$+x(x-1)(x-2)\cdots(x-k)$$

ここで$p.74$上に戻ります。$x^4$を求める途中でしたね。

**問** 次のようになっていることを確かめましょう。

(1) $$x^4=\left\{\begin{matrix}4\\1\end{matrix}\right\}x+\left\{\begin{matrix}4\\2\end{matrix}\right\}x(x-1)+\left\{\begin{matrix}4\\3\end{matrix}\right\}x(x-1)(x-2)+\left\{\begin{matrix}4\\4\end{matrix}\right\}x(x-1)(x-2)(x-3)$$

(2) $$x^5=\left\{\begin{matrix}5\\1\end{matrix}\right\}x+\left\{\begin{matrix}5\\2\end{matrix}\right\}x(x-1)+\left\{\begin{matrix}5\\3\end{matrix}\right\}x(x-1)(x-2)+\left\{\begin{matrix}5\\4\end{matrix}\right\}x(x-1)(x-2)(x-3)+\left\{\begin{matrix}5\\5\end{matrix}\right\}x(x-1)(x-2)(x-3)(x-4)$$

(1) 両辺に$x$をかけた、$p.74$上の次の式から続けます。

$$x^4=\left\{\begin{matrix}3\\1\end{matrix}\right\}x^2+\left\{\begin{matrix}3\\2\end{matrix}\right\}x^2(x-1)+\left\{\begin{matrix}3\\3\end{matrix}\right\}x^2(x-1)(x-2)$$

$$=\left\{\begin{matrix}3\\1\end{matrix}\right\}[1x+x(x-1)]+\left\{\begin{matrix}3\\2\end{matrix}\right\}[2x(x-1)+x(x-1)(x-2)]+\left\{\begin{matrix}3\\3\end{matrix}\right\}[3x(x-1)(x-2)+x(x-1)(x-2)(x-3)]$$

$$=\left\{\begin{matrix}3\\1\end{matrix}\right\}x+\left[\left\{\begin{matrix}3\\1\end{matrix}\right\}+2\left\{\begin{matrix}3\\2\end{matrix}\right\}\right]x(x-1)+\left[\left\{\begin{matrix}3\\2\end{matrix}\right\}+3\left\{\begin{matrix}3\\3\end{matrix}\right\}\right]x(x-1)(x-2)+\left\{\begin{matrix}3\\3\end{matrix}\right\}x(x-1)(x-2)(x-3)$$

すると$p.40$の漸化式と $\left\{ {n \atop 1} \right\} = \left\{ {n \atop n} \right\} = 1$から、次のようになります。

$$x^4 = \left\{ {4 \atop 1} \right\} x + \left\{ {4 \atop 2} \right\} x(x-1) + \left\{ {4 \atop 3} \right\} x(x-1)(x-2) + \left\{ {4 \atop 4} \right\} x(x-1)(x-2)(x-3)$$

(2) 上式の両辺に$x$をかけます。

$$x^5 = \left\{ {4 \atop 1} \right\} x^2 + \left\{ {4 \atop 2} \right\} x^2(x-1) + \left\{ {4 \atop 3} \right\} x^2(x-1)(x-2) + \left\{ {4 \atop 4} \right\} x^2(x-1)(x-2)(x-3)$$

後は同様にして、上式の $x^2$、$x^2(x-1)$、$x^2(x-1)(x-2)$、$x^2(x-1)(x-2)(x-3)$ に$p.75$下の右辺を代入して、$p.40$の漸化式を用いれば出てきます。

一般の場合も同様にして、次のようになります。

**《「べき乗」を「下降階乗」に》**

$$x^n = \left\{ {n \atop 1} \right\} x + \left\{ {n \atop 2} \right\} x(x-1) + \left\{ {n \atop 3} \right\} x(x-1)(x-2) + \cdots\cdots + \left\{ {n \atop n} \right\} x(x-1)(x-2)\cdots(x-n+1)$$

$x = 1x$

$x^2 = 1x + 1x(x-1)$

$$x^3 = 1x + 3x(x-1) + 1x(x-1)(x-2)$$

$$x^4 = 1x + 7x(x-1) + 6x(x-1)(x-2) + 1x(x-1)(x-2)(x-3)$$

$$x^5 = 1x + 15x(x-1) + 25x(x-1)(x-2)$$
$$+ 10x(x-1)(x-2)(x-3) + 1x(x-1)(x-2)(x-3)(x-4)$$

## 「べき乗」を「上昇階乗」で表そう

今度は、「べき乗」$x$、$x^2$、$x^3$、… を「上昇階乗」$x$、$x(x+1)$、$x(x+1)(x+2)$、… で表してみましょう。

それには$x$を$-x$にするだけです。例えば、次のようになります。

$$(-x)^3 = 1(-x) + 3(-x)(-x-1) + 1(-x)(-x-1)(-x-2)$$
$$-x^3 = -1x + 3x(x+1) - 1x(x+1)(x+2)$$
$$\Rightarrow \quad x^3 = 1x - 3x(x+1) + 1x(x+1)(x+2)$$

《「べき乗」を「上昇階乗」に》

$$x^n = (-1)^{n-1} \left\{ {n \atop 1} \right\} x + (-1)^{n-2} \left\{ {n \atop 2} \right\} x(x+1)$$
$$+ (-1)^{n-3} \left\{ {n \atop 3} \right\} x(x+1)(x+2) + \cdots\cdots$$
$$\cdots\cdots + \left\{ {n \atop n} \right\} x(x+1)(x+2) \cdots (x+n-1)$$

$$x = 1x$$

$$x^2 = -1x + 1x(x+1)$$

$$x^3 = 1x - 3x(x+1) + 1x(x+1)(x+2)$$

$$x^4 = -1x + 7x(x-1) - 6x(x-1)(x-2) + 1x(x-1)(x-2)(x-3)$$

$$x^5 = 1x - 15x(x-1) + 25x(x-1)(x-2)$$
$$- 10x(x-1)(x-2)(x-3) + 1x(x-1)(x-2)(x-3)(x-4)$$

## 第2種スターリング数の三角形で「列」に着目しよう

第2種スターリング数の三角形は、次のようなものでした。

1
1 ×1 1
1 ×1 3 ×2 1
1 ×1 7 ×2 6 ×3 1
1 ×1 15 ×2 25 ×3 10 ×4 1
1 ×1 31 ×2 90 ×3 65 ×4 15 ×5 1

各行の $k$ 番目は、（漸化式より）「左上」と「右上の $k$ 倍」をたして出てきたものです。

ここで「2列目」つまり各行2番目に着目してみましょう。ちなみに2列目は、2行2番目から始まります。1行2番目の空白は0です。

1
1 1
1 3 ×2 1
1 7 ×2 6 1
1 15 ×2 25 10 1
1 31 ×2 90 65 15 1

 $p.79$ の三角形で、$n$ 行 2 番目を「1 と 2」で表しましょう。

(1) $n=2$　(2) $n=3$　(3) $n=4$　(4) $n=5$

順に前の結果を代入していきます。$1=1\cdot1=1\cdot1\cdot1$ です。

(1) $1=\boxed{1}$

(2) $3=1+2\cdot1=\boxed{1+2}$

(3) $7=1+2\cdot3=1\cdot1+2(1+2)=\boxed{1\cdot1+1\cdot2+2\cdot2}$

(4) $15=1+2\cdot7=1\cdot1\cdot1+2(1\cdot1+1\cdot2+2\cdot2)$

$=\boxed{1\cdot1\cdot1+1\cdot1\cdot2+1\cdot2\cdot2+2\cdot2\cdot2}$

 $p.79$ の三角形で、$n$ 行 3 番目を「1 と 2 と 3」で表しましょう。

(1) $n=3$　(2) $n=4$　(3) $n=5$　(4) $n=6$

順に前の結果を代入し、さらに前問の結果を用います。

(1) $1=\boxed{1}$

(2) $6=3+3\cdot1=(1+2)+3=\boxed{1+2+3}$

(3) $25=7+3\cdot6=(1\cdot1+1\cdot2+2\cdot2)+3(1+2+3)$

$=1\cdot1+1\cdot2+2\cdot2+1\cdot3+2\cdot3+3\cdot3$

$=\boxed{1\cdot1+1\cdot2+1\cdot3+2\cdot2+2\cdot3+3\cdot3}$

(4) $90 = 15 + 3 \cdot 25$

$= 1\cdot1\cdot1 + 1\cdot1\cdot2 + 1\cdot2\cdot2 + 2\cdot2\cdot2$

$+ 3\,(1\cdot1 + 1\cdot2 + 1\cdot3 + 2\cdot2 + 2\cdot3 + 3\cdot3)$

$= 1\cdot1\cdot1 + 1\cdot1\cdot2 + 1\cdot2\cdot2 + 2\cdot2\cdot2$

$+ 1\cdot1\cdot3 + 1\cdot2\cdot3 + 1\cdot3\cdot3 + 2\cdot2\cdot3 + 2\cdot3\cdot3 + 3\cdot3\cdot3$

$= 1\cdot1\cdot1 + 1\cdot1\cdot2 + 1\cdot1\cdot3 + 1\cdot2\cdot2 + 1\cdot2\cdot3$
$+ 1\cdot3\cdot3 + 2\cdot2\cdot2 + 2\cdot2\cdot3 + 2\cdot3\cdot3 + 3\cdot3\cdot3$

## 何を展開すると第2種スターリング数が現れるか

先ほどは、第2種スターリング数 $\left\{ {n \atop k} \right\}$ の三角形を、(横の「$n$行」ではなく)縦の「$k$列」(各行$k$番目)について見てみました。

ちなみに$n$行1番目 $\left\{ {n \atop 1} \right\}$ ($n=1$、2、3、…)つまり $\left\{ {1+i \atop 1} \right\}$ ($i=0$、1、2、…)は、1、1、1、…で、この1、1、1、……を$x^i$の「係数」とするべき級数は次の通りです(下記の級数は$|x|<1$で収束しますが、今後は収束域を省略します)。

$$1 + 1x + 1x^2 + 1x^3 + 1x^4 + 1x^5 + \cdots\cdots$$
$$= 1 + x + x^2 + x^3 + x^4 + x^5 + \cdots\cdots = \frac{1}{1-x}$$

$$\frac{1}{1-x} = \left\{ {1 \atop 1} \right\} + \left\{ {2 \atop 1} \right\} x + \left\{ {3 \atop 1} \right\} x^2 + \left\{ {4 \atop 1} \right\} x^3 + \left\{ {5 \atop 1} \right\} x^4 + \cdots\cdots$$

それでは、他の「列」についてはどうでしょうか。

**問** 次の□を求めましょう。

$$\boxed{\phantom{00}} = \left\{\begin{matrix}2\\2\end{matrix}\right\} + \left\{\begin{matrix}3\\2\end{matrix}\right\}x + \left\{\begin{matrix}4\\2\end{matrix}\right\}x^2 + \left\{\begin{matrix}5\\2\end{matrix}\right\}x^3 + \left\{\begin{matrix}6\\2\end{matrix}\right\}x^4 + \cdots\cdots$$

$x^i$の「係数」$\left\{\begin{matrix}2+i\\2\end{matrix}\right\}$（$i=0$、1、2、…）は、$p.80$で見たように、

1、$1+2$、$1\cdot1+1\cdot2+2\cdot2$、$1\cdot1\cdot1+1\cdot1\cdot2+1\cdot2\cdot2+2\cdot2\cdot2$、

…… です。

ここで、次に着目します（下式を逆に上式にします）。

$$(1+1x+1^2x^2+1^3x^3+\ \cdots)(1+2x+2^2x^2+2^3x^3+\ \cdots)$$
$$=1+(2+1)x+(2^2+1\cdot2+1^2)x^2$$
$$+(2^3+1\cdot2^2+1^2\cdot2+1^3)x^3+\ \cdots\cdots$$

$x^i$の「係数」に、**問**の右辺の「係数」が現れていますね。

これより**問**の右辺は、次のようになります。

$$(1+x+x^2+x^3+\ \cdots)(1+2x+2^2x^2+2^3x^3+\ \cdots)$$
$$=\frac{1}{1-x}\cdot\frac{1}{1-2x}=\boxed{\frac{1}{(1-x)(1-2x)}}$$

$$\boxed{\frac{1}{(1-x)(1-2x)} = \left\{\begin{matrix}2\\2\end{matrix}\right\} + \left\{\begin{matrix}3\\2\end{matrix}\right\}x + \left\{\begin{matrix}4\\2\end{matrix}\right\}x^2 + \left\{\begin{matrix}5\\2\end{matrix}\right\}x^3 + \cdots\cdots}$$

 次の□を求めましょう。

$$\square = \left\{ {3 \atop 3} \right\} + \left\{ {4 \atop 3} \right\} x + \left\{ {5 \atop 3} \right\} x^2 + \left\{ {6 \atop 3} \right\} x^3 + \left\{ {7 \atop 3} \right\} x^4 + \cdots\cdots$$

$x^i$の「係数」$\left\{ {3+i \atop 3} \right\}$ $(i=0、1、2、\cdots)$ は$p.80$で見た通りです。このことから、同様にして次が出てきます。

$$(1+x+x^2+\ \cdots)(1+2x+2^2x^2+\ \cdots)(1+3x+3^2x^2+\ \cdots)$$

$$= \boxed{\frac{1}{(1-x)(1-2x)(1-3x)}}$$

$$\boxed{\frac{1}{(1-x)(1-2x)(1-3x)} = \left\{ {3 \atop 3} \right\} + \left\{ {4 \atop 3} \right\} x + \left\{ {5 \atop 3} \right\} x^2 + \cdots\cdots}$$

同様にして、一般に次のようになります。

**《「列」を係数とする関数》**

$$\frac{1}{(1-x)(1-2x)\ \cdots\ (1-kx)}$$

$$= \left\{ {k \atop k} \right\} + \left\{ {k+1 \atop k} \right\} x + \left\{ {k+2 \atop k} \right\} x^2 + \left\{ {k+3 \atop k} \right\} x^3 + \cdots\cdots$$

## 第2種スターリング数の「一般項」はどうなるか

次の二項係数の一般項は、「場合の数」から出てきました。

$$\binom{n}{k} = {}_n\mathrm{C}_k = \frac{n!}{k!\,(n-k)\,!}$$

じつは第2種スターリング数の一般項も、「場合の数」から出てきます〈$p.88$参照〉。

でも、せっかく「べき乗」を「下降階乗」で表したので、まずはこちらから見ていきましょう。

まず $x = \left\{ \begin{matrix} 1 \\ 1 \end{matrix} \right\} x$ から $\left\{ \begin{matrix} 1 \\ 1 \end{matrix} \right\} = 1$　です。

次に $x^2 = \left\{ \begin{matrix} 2 \\ 1 \end{matrix} \right\} x + \left\{ \begin{matrix} 2 \\ 2 \end{matrix} \right\} x\,(x-1)$ から、$a = \left\{ \begin{matrix} 2 \\ 1 \end{matrix} \right\}$ と $b = \left\{ \begin{matrix} 2 \\ 2 \end{matrix} \right\}$ を「1と2」で表すことを考えます。

つまり、次が恒等式となるような$a$、$b$を「1と2」から求めよ、という問題です。

$$x^2 = ax + bx\,(x-1)$$

$x=1$　を代入すると、$1^2 = a \quad \Rightarrow \quad \left\{ \begin{matrix} 2 \\ 1 \end{matrix} \right\} = 1^2$

$x=2$　を代入すると、$2^2 = 1^2 \cdot 2 + b \cdot 2!$

$$2^2 - 2 \cdot 1^2 = b \cdot 2! \quad \Rightarrow \quad \left\{ \begin{matrix} 2 \\ 2 \end{matrix} \right\} = \frac{1}{2!} \{2^2 - 2 \cdot 1^2\}$$

次が恒等式となるような $a$、$b$、$c$ を、「$1^3$、$2^3$、$3^3$」を用いて表しましょう。

$$x^3 = ax + bx(x-1) + cx(x-1)(x-2)$$

$x=1$ を代入すると、$1^3 = a \Rightarrow$ $\boxed{a = 1^3}$

$x=2$ を代入すると、$2^3 = 1^3 \cdot 2 + b \cdot 2!$

$$2^3 - 2 \cdot 1^3 = b \cdot 2! \Rightarrow \boxed{b = \frac{1}{2!}\{2^3 - 2 \cdot 1^3\}}$$

$x=3$ を代入すると、

$$3^3 = 1^3 \cdot 3 + \frac{1}{2!}\{2^3 - 2 \cdot 1^3\} \cdot 3 \cdot 2 + c \cdot 3!$$

$$3^3 = 3 \cdot 1^3 + \frac{3 \cdot 2}{2 \cdot 1}\{2^3 - 2 \cdot 1^3\} + c \cdot 3!$$

$$3^3 = 3 \cdot 1^3 + 3\{2^3 - 2 \cdot 1^3\} + c \cdot 3!$$

$$3^3 - 3 \cdot 2^3 + 3 \cdot 1^3 = c \cdot 3! \Rightarrow \boxed{c = \frac{1}{3!}\{3^3 - 3 \cdot 2^3 + 3 \cdot 1^3\}}$$

まとめると、次の通りです。

$$\left\{ \begin{matrix} 3 \\ 1 \end{matrix} \right\} = 1^3$$

$$\left\{ \begin{matrix} 3 \\ 2 \end{matrix} \right\} = \frac{1}{2!}\{2^3 - 2 \cdot 1^3\}$$

$$\left\{ \begin{matrix} 3 \\ 3 \end{matrix} \right\} = \frac{1}{3!}\{3^3 - 3 \cdot 2^3 + 3 \cdot 1^3\}$$

今一つ規則性が定かでないので、引き続き見ていきましょう。

**問** 次が恒等式となるような $a$、$b$、$c$、$d$ を「$1^4$、$2^4$、$3^4$、$4^4$」を用いて表しましょう。

$$x^4 = ax + bx(x-1) + cx(x-1)(x-2) + dx(x-1)(x-2)(x-3)$$

$x=1$ を代入すると、$1^4 = a \Rightarrow \boxed{a = 1^4}$

$x=2$ を代入すると、$2^4 = 1^4 \cdot 2 + b \cdot 2!$

$$2^4 - 2 \cdot 1^4 = b \cdot 2! \Rightarrow \boxed{b = \frac{1}{2!}\{2^4 - 2 \cdot 1^4\}}$$

$x=3$ を代入すると、

$$3^4 = 1^4 \cdot 3 + \frac{1}{2!}\{2^4 - 2 \cdot 1^4\} \cdot 3 \cdot 2 + c \cdot 3!$$

$$3^4 = 3 \cdot 1^4 + \frac{3 \cdot 2}{2 \cdot 1}\{2^4 - 2 \cdot 1^4\} + c \cdot 3!$$

$$3^4 = 3 \cdot 1^4 + 3\{2^4 - 2 \cdot 1^4\} + c \cdot 3!$$

$$3^4 - 3 \cdot 2^4 + 3 \cdot 1^4 = c \cdot 3! \Rightarrow \boxed{c = \frac{1}{3!}\{3^4 - 3 \cdot 2^4 + 3 \cdot 1^4\}}$$

$x=4$ を代入すると、

$$4^4=1^4\cdot 4+\frac{1}{2!}\{2^4-2\cdot 1^4\}\cdot 4\cdot 3$$
$$+\frac{1}{3!}\{3^4-3\cdot 2^4+3\cdot 1^4\}\cdot 4\cdot 3\cdot 2+d\cdot 4!$$

$$4^4=4\cdot 1^4+\frac{4\cdot 3}{2\cdot 1}\{2^4-2\cdot 1^4\}$$
$$+\frac{4\cdot 3\cdot 2}{3\cdot 2\cdot 1}\{3^4-3\cdot 2^4+3\cdot 1^4\}+d\cdot 4!$$

$$4^4=4\cdot 1^4+6\{2^4-2\cdot 1^4\}+4\{3^4-3\cdot 2^4+3\cdot 1^4\}+d\cdot 4!$$

$$4^4-4\cdot 3^4+6\cdot 2^4-4\cdot 1^4=d\cdot 4!$$

$$\Rightarrow \boxed{d=\frac{1}{4!}\{4^4-4\cdot 3^4+6\cdot 2^4-4\cdot 1^4\}}$$

まとめると、次の通りです。

$$\left\{\begin{matrix}4\\1\end{matrix}\right\}=1\cdot 1^4$$

$$\left\{\begin{matrix}4\\2\end{matrix}\right\}=\frac{1}{2!}\{1\cdot 2^4-2\cdot 1^4\}$$

$$\left\{\begin{matrix}4\\3\end{matrix}\right\}=\frac{1}{3!}\{1\cdot 3^4-3\cdot 2^4+3\cdot 1^4\}$$

$$\left\{\begin{matrix}4\\4\end{matrix}\right\}=\frac{1}{4!}\{1\cdot 4^4-4\cdot 3^4+6\cdot 2^4-4\cdot 1^4\}$$

「$1^4$、$2^4$、$3^4$、$4^4$」の前に、二項係数が並んでいますね。

$$
\begin{array}{ccccccccc}
 & & & & 1 & & & & \\
 & & & 1 & & 1 & & & \\
 & & 1 & & 2 & & 1 & & \\
 & 1 & & 3 & & 3 & & 1 & \\
1 & & 4 & & 6 & & 4 & & 1
\end{array}
$$

じつは一般に、次が成り立ちます。

**《第2種スターリング数の「一般項」》**

$$\left\{ {n \atop k} \right\} = \frac{1}{k!} \left\{ k^n - \binom{k}{1}(k-1)^n + \binom{k}{2}(k-2)^n - \binom{k}{3}(k-3)^n + \cdots\cdots + (-1)^{k-1}\binom{k}{k-1}1^n \right\}$$

## 場合の数の「包除原理」から一般項を求めよう

第2種スターリング数の「一般項」は、上記の通りです。

この式は「場合の数」から簡単に出てきます。包除原理です。この包除原理というのは、小学校で習った次のようなものです。

$A$は算数が好きな人の集合、$B$は国語の好きな人の集合とします。$A \cap B$は両方とも好きな人の集合、$A \cup B$はどちらか一方だけでも（もちろん両方でも）好きな人の集合として、その人数を$|A|$等と記すことにします。

このとき次が成り立ちます。

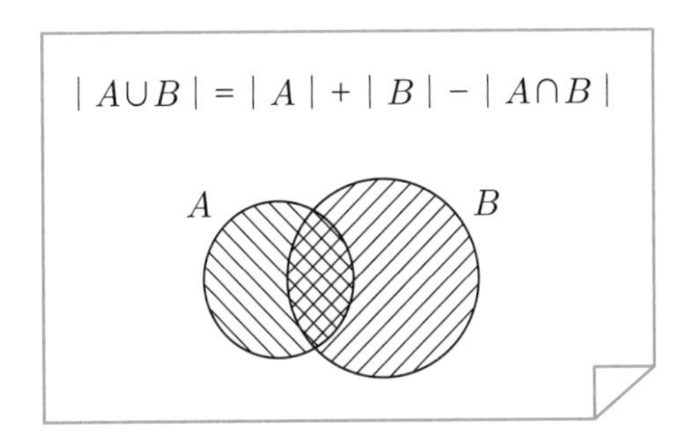


$|A \cup B|$を求めるとき、$|A|$と$|B|$をそのままたしたのでは、$|A \cap B|$を2回数えてしまいます。そこで、$|A \cap B|$を1回分引いて帳尻を合わせるのです。

3つの場合も、たし過ぎたり引き過ぎたりを調整していくと、次のようになります。

$$|A \cup B \cup C| = |A| + |B| + |C| - |A \cap B| - |B \cap C| - |C \cap A| + |A \cap B \cap C|$$

これを$n$個の場合に一般化したものが包除原理です。

さて第2種スターリング数は、場合の数でいうと「(区別のつく)$n$個の要素を$k$個に分割する組合せの数」です。源氏香でいうと、香料を5回炷いたとき($n=5$)、同種の香で分けたら$k$個に分割される(炷いた香料は$k$種である)のは何通りかというのが$\left\{ \begin{matrix} 5 \\ k \end{matrix} \right\}$です。

例として、源氏香で$k=3$となるのが何通りあるか、つまり$\left\{ \begin{matrix} 5 \\ 3 \end{matrix} \right\}$を求めるとします。このとき3種の香をA、B、Cとします。

第1香はA、B、Cのどれかで3通りです。第2香もA、B、Cのどれかで3通りです。すると第5香までの場合の数は、$3\times3\times3\times3\times3=3^5$通りとなります。

ところがこの$3^5$通りには、3種ではなく2種や1種となっている場合が含まれています。

そこで、香料Aが「使われない」焚き方の集合を（同じ文字を使い回して）Aとします。さらに集合B、集合Cも同様とします。

すると先ほどの$3^5$通りから、2種や1種となっている場合の$|A\cup B\cup C|$通りを引くことになります。この$|A\cup B\cup C|$を求めるのに包除原理を用いるのです。

（$\binom{3}{1}=3$個の）$|A|$、$|B|$、$|C|$は、第1香も、第2香も、…、第5香も2種以下となる場合の数で$(3-1)^5$通りです。

（$\binom{3}{2}=3$個の）$|A\cap B|$、$|B\cap C|$、$|C\cap A|$は、第1香も、第2香も、…、第5香も1種以下となる場合の数で$(3-2)^5$通りとなります。

（$\binom{3}{3}=1$個の）$|A\cap B\cap C|$は、どれも使われないということで$|A\cap B\cap C|=0$です。

包除原理により$|A\cup B\cup C|$は次のようになります。

$$|A\cup B\cup C|=\binom{3}{1}(3-1)^5-\binom{3}{2}(3-2)^5+0$$

これを先ほどの$3^5$通りから引くと、次のようになります。

$$3^5 - \binom{3}{1}(3-1)^5 + \binom{3}{2}(3-2)^5$$

ところが、これはまだ求めたいものではありません。これでは香の種類が異なっていたら、別々に数えていることになります。例えば炷いた順に「A、A、B、C、C」と「A、A、C、B、B」は、別のものとして数えているのです。もちろん集合の分割では、これらは区別しません。用いた香料の種類は問わないので、前2本と後2本が結ばれる（同じ分割$\{1, 2\}$、$\{3\}$、$\{4, 5\}$の）次の$3! = 6$通りは同じとみなすのです。

A、B、C　⇒　A、A、B、C、C
A、C、B　⇒　A、A、C、B、B
B、A、C　⇒　B、B、A、C、C
B、C、A　⇒　B、B、C、A、A
C、A、B　⇒　C、C、A、B、B
C、B、A　⇒　C、C、B、A、A

これらA、B、Cを並べかえた順列を同一と数えると、実際は「3!分の1」に減って次のようになります。

$$\frac{1}{3!}\left\{3^5 - \binom{3}{1}(3-1)^5 + \binom{3}{2}(3-2)^5\right\}$$

$p.88$の「一般項」は、同様にして包除原理から出てきます。

先ほどは例として$k=3$の$\left\{ \begin{matrix} 5 \\ 3 \end{matrix} \right\}$を見てきました。

ちなみに$k=6$では、もちろん$\left\{ \begin{matrix} 5 \\ 6 \end{matrix} \right\}=0$です。5回で6種が用いられることはありえません。

$k \geq n+1$のとき、$p.88$の式の{　}の中は、包除原理から0となります。

**$k \geq n+1$のとき**

$$0=k^n-\binom{k}{1}(k-1)^n+\binom{k}{2}(k-2)^n-\binom{k}{3}(k-3)^n+\cdots\cdots$$

$$\cdots\cdots+(-1)^{k-1}\binom{k}{k-1}1^n$$

**問**（実際に）次を計算してみましょう。

(1) $3^2-\binom{3}{1}2^2+\binom{3}{2}1^2$

(2) $4^2-\binom{4}{1}3^2+\binom{4}{2}2^2-\binom{4}{3}1^2$

(3) $4^3-\binom{4}{1}3^3+\binom{4}{2}2^3-\binom{4}{3}1^3$

(4) $5^3-\binom{5}{1}4^3+\binom{5}{2}3^3-\binom{5}{3}2^3+\binom{5}{4}1^3$

(1) $3^2-\binom{3}{1}2^2+\binom{3}{2}1^2$

$=9-3\cdot4+3\cdot1=9-12+3=\boxed{0}$

(2) $4^2-\binom{4}{1}3^2+\binom{4}{2}2^2-\binom{4}{1}1^2$

$=16-4\cdot9+6\cdot4-4\cdot1=16-36+24-4=\boxed{0}$

(3) $4^3-\binom{4}{1}3^3+\binom{4}{2}2^3-\binom{4}{3}1^3$

$=64-4\cdot27+6\cdot8-4\cdot1=64-108+48-4=\boxed{0}$

(4) $5^3-\binom{5}{1}4^3+\binom{5}{2}3^3-\binom{5}{3}2^3+\binom{5}{4}1^3$

$=125-5\cdot64+10\cdot27-10\cdot8+5\cdot1$

$=125-320+270-80+5=\boxed{0}$

## 「n!」を「二項係数」で表そう

第2種スターリング数の一般項は、次の通りでした。

$$\left\{ {n \atop k} \right\}=\frac{1}{k!}\left\{k^n-\binom{k}{1}(k-1)^n+\binom{k}{2}(k-2)^n-\binom{k}{3}(k-3)^n + \cdots\cdots + (-1)^{k-1}\binom{k}{k-1}1^n\right\}$$

右辺に二項係数が入っていることに着目です。そこで、この式から二項係数の関係式を出してみましょう。

まず $\left\{ n \atop k \right\}$ がじゃまなので、$p.93$ 下の式で $k=n$ とします。

$$\left\{ n \atop n \right\} = \frac{1}{n!} \left\{ n^n - \binom{n}{1}(n-1)^n + \binom{n}{2}(n-2)^n - \binom{n}{3}(n-3)^n + \cdots\cdots + (-1)^{n-1}\binom{n}{n-1}1^n \right\}$$

$\left\{ n \atop n \right\} = 1$ を代入して、両辺を $n!$ 倍すると次の通りです。

$$n! = n^n - \binom{n}{1}(n-1)^n + \binom{n}{2}(n-2)^n - \binom{n}{3}(n-3)^n + \cdots\cdots \cdots\cdots + (-1)^{n-1}\binom{n}{n-1}1^n$$

さらに $\binom{n}{k} = \binom{n}{n-k}$ を用いると、次のようになります。

$$n! = \binom{n}{n}n^n - \binom{n}{n-1}(n-1)^n + \binom{n}{n-2}(n-2)^n + \cdots\cdots \cdots\cdots + (-1)^{n-1}\binom{n}{n-(n-1)}1^n$$

右辺を並べかえると、次の通りです。

**《二項係数と「$n!$」》**

$$n! = (-1)^{n-1}\binom{n}{1}1^n + (-1)^{n-2}\binom{n}{2}2^n + \cdots\cdots$$
$$\cdots\cdots - \binom{n}{n-1}(n-1)^n + \binom{n}{n}n^n$$

$$1! = \binom{1}{1}1^1$$

$$2! = -\binom{2}{1}1^2 + \binom{2}{2}2^2$$

$$3! = \binom{3}{1}1^3 - \binom{3}{2}2^3 + \binom{3}{3}3^3$$

$$4! = -\binom{4}{1}1^4 + \binom{4}{2}2^4 - \binom{4}{3}3^4 + \binom{4}{4}4^4$$

$$5! = \binom{5}{1}1^5 - \binom{5}{2}2^5 + \binom{5}{3}3^5 - \binom{5}{4}4^5 + \binom{5}{5}5^5$$

## 第1種スターリング数の三角形で「列」に着目しよう

今度は、第1種スターリング数 $\left[\begin{matrix} n \\ k \end{matrix}\right]$ を見ていきましょう。その三角形は、次のようなものでした。

1
×1
1　1
×2　×2
2　3　1
×3　×3　×3
6　11　6　1
×4　×4　×4　×4
24　50　35　10　1
×5　×5　×5　×5　×5
120　274　225　85　15　1

$n$行の$k$番目は、「左上」と「右上の$n-1$倍」をたし算して出します。

今回も、「列」に着目して見ていきましょう。

「1列目」つまり各行1番目は、1から始めて順に1、2、3、4、…をかけていった1、$1\times1$、$1\times1\times2$、$1\times1\times2\times3$、$1\times1\times2\times3\times4$、…です。

つまり$0!$、$1!$、$2!$、$3!$、$4!$、といった具合に$(n-1)!$となっています（$0!=1$とします）。

**《第1種スターリング数の三角形の「1列目」》**

第1種スターリング数の三角形の
「$n$行1番目」（1列目）の数は、$(n-1)!$

今度は「2列目」つまり各行2番目を見てみましょう。ちなみに、1行2番目の空白は0です。

| | | | | | | | | | | |
|---|---|---|---|---|---|---|---|---|---|---|
| | | | | | 1 | | | | | |
| | | | | 1 | | 1 | | | | |
| | | | 2 | | 3 | | 1 | | | |
| | | 6 | | 11 | | 6 | | 1 | | |
| | 24 | | 50 | | 35 | | 10 | | 1 | |
| 120 | | 274 | | 225 | | 85 | | 15 | | 1 |

(×2, ×3, ×4, ×5)

**上記の三角形で、「2列目」の数について見てみましょう。**

(1) 3行2番目の数3を「1、2」で表す

(2) 4行2番目の数11を「1、2、3」で表す

(3) 5行2番目の数50を「1、2、3、4」で表す

まず2行2番目の数は1です。

順に前の結果を代入していきますが、先ほどの$n$行1番目の数$(n-1)!=1\cdot2\cdot\ \cdots\ \cdot(n-1)$も用います。

(1) $3=1+2\cdot1=\boxed{1+2}$

(2) $11=2+3\cdot3=2!+3(1+2)=\boxed{1\cdot2+1\cdot3+2\cdot3}$

(3) $50=6+4\cdot11=3!+4(1\cdot2+1\cdot3+2\cdot3)$

$=\boxed{1\cdot2\cdot3+1\cdot2\cdot4+1\cdot3\cdot4+2\cdot3\cdot4}$

**問** p.96の三角形で、「3列目」の数について見てみましょう。

(1) 4行3番目の数6を「1、2、3」で表す

(2) 5行3番目の数35を「1、2、3、4」で表す

(3) 6行3番目の数225を「1、2、3、4、5」で表す

順に前の結果を代入し、さらに前問の結果も用います。

まず3行3番目の数は1です。

(1) $6=3+3\cdot 1=(1+2)+3=\boxed{1+2+3}$

(2) $35=11+4\cdot 6=(1\cdot 2+1\cdot 3+2\cdot 3)+4(1+2+3)$

$$=1\cdot 2+1\cdot 3+2\cdot 3+1\cdot 4+2\cdot 4+3\cdot 4$$

$$=\boxed{1\cdot 2+1\cdot 3+1\cdot 4+2\cdot 3+2\cdot 4+3\cdot 4}$$

(3) $225=50+5\cdot 35$

$$=(1\cdot 2\cdot 3+1\cdot 2\cdot 4+1\cdot 3\cdot 4+2\cdot 3\cdot 4)+5(1\cdot 2+1\cdot 3+1\cdot 4+2\cdot 3+2\cdot 4+3\cdot 4)$$

$$=1\cdot 2\cdot 3+1\cdot 2\cdot 4+1\cdot 3\cdot 4+2\cdot 3\cdot 4+1\cdot 2\cdot 5+1\cdot 3\cdot 5+1\cdot 4\cdot 5+2\cdot 3\cdot 5+2\cdot 4\cdot 5+3\cdot 4\cdot 5$$

$$=\boxed{1\cdot 2\cdot 3+1\cdot 2\cdot 4+1\cdot 2\cdot 5+1\cdot 3\cdot 4+1\cdot 3\cdot 5+1\cdot 4\cdot 5+2\cdot 3\cdot 4+2\cdot 3\cdot 5+2\cdot 4\cdot 5+3\cdot 4\cdot 5}$$

同様に見ていくと、次のようになっています。

4行4番目は1、5行4番目は1+2+3+4、……

5行5番目は1、6行5番目は1＋2＋3＋4＋5、……

前問や前々問や上記により、第1種スターリング数の三角形は、(左に詰めて書くと)次の通りです。

〈1行目〉0!
〈2行目〉1!、1
〈3行目〉2!、1＋2、1
〈4行目〉3!、1・2＋1・3＋2・3、1＋2＋3、1
〈5行目〉4!、1・2・3＋1・2・4＋1・3・4＋2・3・4、
1・2＋1・3＋1・4＋2・3＋2・4＋3・4、1＋2＋3＋4、1

このことは、次のようにも表されます。

〈3行目〉$2!$、$2!\left(\frac{1}{1}+\frac{1}{2}\right)$、$2!\frac{1}{1\cdot 2}$

〈4行目〉$3!$、$3!\left(\frac{1}{1}+\frac{1}{2}+\frac{1}{3}\right)$、$3!\left(\frac{1}{1\cdot 2}+\frac{1}{1\cdot 3}+\frac{1}{2\cdot 3}\right)$、$3!\frac{1}{1\cdot 2\cdot 3}$

〈5行目〉$4!$、$4!\left(\frac{1}{1}+\frac{1}{2}+\frac{1}{3}+\frac{1}{4}\right)$、$4!\left(\frac{1}{1\cdot 2}+\frac{1}{1\cdot 3}+\frac{1}{1\cdot 4}+\frac{1}{2\cdot 3}+\frac{1}{2\cdot 4}+\frac{1}{3\cdot 4}\right)$、$4!\left(\frac{1}{1\cdot 2\cdot 3}+\frac{1}{1\cdot 2\cdot 4}+\frac{1}{1\cdot 3\cdot 4}+\frac{1}{2\cdot 3\cdot 4}\right)$、$4!\frac{1}{1\cdot 2\cdot 3\cdot 4}$

## 「第1種スターリング数の多項式」を因数分解しよう

第1種スターリング数が「係数」となっている、次のような多項式を見ていきましょう。

$$
\begin{array}{ccccccccc}
 & & & & 1 & & & & \\
 & & & 1 & & 1 & & & \to x+1 \\
 & & 2 & & 3 & & 1 & & \to 2x^2+3x+1 \\
 & 6 & & 11 & & 6 & & 1 & \to 6x^3+11x^2+6x+1 \\
24 & & 50 & & 35 & & 10 & & 1
\end{array}
$$

例として、3行目「2　3　1」を係数とする多項式「$2x^2+3x+1$」を見てみます。

$p.99$上より、3行目「2　3　1」は「2!、1+2、1」で、これは次の通り $(x+1)(2x+1)$ の係数となっています。

$$(x+1)(2x+1)=1\cdot 2x^2+(1+2)x+1$$

つまり、$2x^2+3x+1=(x+1)(2x+1)$ です。

このことは、$p.99$下3行目「$2!$、$2!\left(\frac{1}{1}+\frac{1}{2}\right)$、$2!\frac{1}{1\cdot 2}$」からも出てきます。

$$2x^2+3x+1=2!\left(x+\frac{1}{1}\right)\left(x+\frac{1}{2}\right)=1\left(x+\frac{1}{1}\right)2\left(x+\frac{1}{2}\right)$$

$$=(x+1)(2x+1)$$

**問** $p.100$の三角形の4行目「6　11　6　1」を係数とする多項式「$6x^3+11x^2+6x+1$」を因数分解しましょう。

〈**方法1**（$p.99$上より）〉

4行目は「$3!$、$1\cdot2+1\cdot3+2\cdot3$、$1+2+3$、1」で、これは次の通り$(x+1)(2x+1)(3x+1)$の係数となっています。

$$
\begin{aligned}
&(x+1)(2x+1)(3x+1)\\
&=1\cdot2\cdot3x^3+(1\cdot2+1\cdot3+2\cdot3)x^2+(1+2+3)x+1
\end{aligned}
$$

つまり、次の通りです。

$$6x^3+11x^2+6x+1=\boxed{(x+1)(2x+1)(3x+1)}$$

〈**方法2**（$p.99$下より）〉

4行目は「$3!$、$3!\left(\frac{1}{1}+\frac{1}{2}+\frac{1}{3}\right)$、$3!\left(\frac{1}{1\cdot2}+\frac{1}{1\cdot3}+\frac{1}{2\cdot3}\right)$、$3!\frac{1}{1\cdot2\cdot3}$」で、これは$3!\left(x+\frac{1}{1}\right)\left(x+\frac{1}{2}\right)\left(x+\frac{1}{3}\right)$の係数となっています。つまり、次の通りです。

$$
\begin{aligned}
6x^3+11x^2+6x+1&=3!\left(x+\frac{1}{1}\right)\left(x+\frac{1}{2}\right)\left(x+\frac{1}{3}\right)\\
&=1\left(x+\frac{1}{1}\right)2\left(x+\frac{1}{2}\right)3\left(x+\frac{1}{3}\right)\\
&=\boxed{(x+1)(2x+1)(3x+1)}
\end{aligned}
$$

**問** $p.100$の三角形の5行目「24　50　35　10　1」を係数とする多項式「$24x^4+50x^3+35x^2+10x+1$」を因数分解しましょう。

前問と同様にして、次のように因数分解されます。

$$24x^4+50x^3+35x^2+10x+1$$
$$=\boxed{(x+1)(2x+1)(3x+1)(4x+1)}$$

くれぐれも、これは4行目ではなく5行目からの多項式です。

**《多項式の展開・因数分解》**

$$(x+1)(2x+1)\ \cdots\ ((n-1)x+1)$$
$$=\begin{bmatrix} n \\ 1 \end{bmatrix}x^{n-1}+\begin{bmatrix} n \\ 2 \end{bmatrix}x^{n-2}+\begin{bmatrix} n \\ 3 \end{bmatrix}x^{n-3}+\cdots+\begin{bmatrix} n \\ n-1 \end{bmatrix}x+\begin{bmatrix} n \\ n \end{bmatrix}$$

上の式に$x=1$を代入すると、次が出てきます。

$$(1+1)(2+1)\ \cdots\ ((n-1)+1)$$
$$=\begin{bmatrix} n \\ 1 \end{bmatrix}+\begin{bmatrix} n \\ 2 \end{bmatrix}+\begin{bmatrix} n \\ 3 \end{bmatrix}+\cdots\cdots+\begin{bmatrix} n \\ n-1 \end{bmatrix}+\begin{bmatrix} n \\ n \end{bmatrix}$$

$$n!=\begin{bmatrix} n \\ 1 \end{bmatrix}+\begin{bmatrix} n \\ 2 \end{bmatrix}+\begin{bmatrix} n \\ 3 \end{bmatrix}+\cdots\cdots+\begin{bmatrix} n \\ n-1 \end{bmatrix}+\begin{bmatrix} n \\ n \end{bmatrix}$$

この結果は、各行の和が「$n!$」という、これまで置換の総数で見てきたものです。

それでは、各行の交代和はどうなってくるのでしょうか。

$$
\begin{array}{ccccccc}
 & & & 1 & & & \\
 & & 1 & & 1 & & \to 1-1=0 \\
 & 2 & & 3 & & 1 & \to 2-3+1=0 \\
6 & & 11 & & 6 & & 1 \quad \to 6-11+6-1=0
\end{array}
$$

第1種スターリング数の三角形で、（2行目以降の）各行の交代和はどうなっているのでしょうか。

$p.102$青枠の式に、$x=-1$を代入すると次が出てきます。

$$(-1+1)(-2+1)\cdots(-(n-1)+1)$$

$$=\begin{bmatrix}n\\1\end{bmatrix}(-1)^{n-1}+\begin{bmatrix}n\\2\end{bmatrix}(-1)^{n-2}+\begin{bmatrix}n\\3\end{bmatrix}(-1)^{n-3}+\cdots+\begin{bmatrix}n\\n\end{bmatrix}$$

$$0=\begin{bmatrix}n\\1\end{bmatrix}(-1)^{n-1}+\begin{bmatrix}n\\2\end{bmatrix}(-1)^{n-2}+\begin{bmatrix}n\\3\end{bmatrix}(-1)^{n-3}+\cdots+\begin{bmatrix}n\\n\end{bmatrix}$$

〈$n$が奇数〉 $0=\begin{bmatrix}n\\1\end{bmatrix}-\begin{bmatrix}n\\2\end{bmatrix}+\begin{bmatrix}n\\3\end{bmatrix}-\cdots+\begin{bmatrix}n\\n\end{bmatrix}$

〈$n$が偶数〉 $0=-\begin{bmatrix}n\\1\end{bmatrix}+\begin{bmatrix}n\\2\end{bmatrix}-\begin{bmatrix}n\\3\end{bmatrix}+\cdots+\begin{bmatrix}n\\n\end{bmatrix}$

$$0=\begin{bmatrix}n\\1\end{bmatrix}-\begin{bmatrix}n\\2\end{bmatrix}+\begin{bmatrix}n\\3\end{bmatrix}-\cdots-\begin{bmatrix}n\\n\end{bmatrix}$$

いずれにしても、交代和は 0 です。

これは置換でいうと、サイクルが偶数個となる置換も、奇数個となる置換も、同数だけあるということです。

## 「上昇階乗」を「べき乗」で表そう

第1種スターリング数 $\begin{bmatrix} n \\ k \end{bmatrix}$ も第2種スターリング数 $\begin{Bmatrix} n \\ k \end{Bmatrix}$ と同様、スターリングにとっては「場合の数」ではなく「代数（解析）」（「級数の形と変形」）からでした。〈$p.$71〜72参照〉

本書では、$\begin{bmatrix} n \\ k \end{bmatrix}$ は$p.$49の漸化式をみたす数としました。「場合の数」としては（区別のつく）$n$個の置換を$k$個のサイクルに分割する組合せの数です。〈$p.$51参照〉

今回は「上昇階乗」$x$、$x(x+1)$、$x(x+1)(x+2)$、… を、「べき乗」$x$、$x^2$、$x^3$、で表します。もっとも、これは単に展開するだけのことです。

**問** 次の係数 $a$、$b$、$c$、$d$ を求めましょう。

(1) $x = ax$

(2) $x(x+1) = ax + bx^2$

(3) $x(x+1)(x+2) = ax + bx^2 + cx^3$

(4) $x(x+1)(x+2)(x+3) = ax + bx^2 + cx^3 + dx^4$

この問では通常の形、つまり上昇階乗で記しています。でも以下では、左辺を（計算しやすいように）並べかえています。

(1) もちろん $\boxed{a=1}$ です。$x=1x$ です。

(2) $(1+x)x=1x+1x^2$ より $\boxed{a=1、b=1}$ です。

(3) $(2+x)(1+x)x=(2+x)(1x+1x^2)$

$$=\boxed{2\cdot 1}\,x+\boxed{2\cdot 1 \;\; +1}\,x^2+\boxed{+1}\,x^3$$

$$=\;2x+3x^2+1x^3$$

$\boxed{a=2、b=3、c=1}$

(4) $(3+x)(2+x)(1+x)x=(3+x)(2x+3x^2+1x^3)$

$$=\boxed{3\cdot 2}\,x\;\boxed{+3\cdot 3 \;\; +2}\,x^2\;\boxed{+3\cdot 1 \;\; +3}\,x^3\;\boxed{+1}\,x^4$$

$$=\;6x+11x^2+6x^3+1x^4$$

$\boxed{a=6、b=11、c=6、d=1}$

係数はどれも、$p.49$ の漸化式から出てきていますね。

一般にも同様にして、第1種スターリング数となってきます。

**《「上昇階乗」を「べき乗」に》**

$$x(x+1)(x+2)\cdots(x+n-1)$$

$$=\begin{bmatrix} n \\ 1 \end{bmatrix}x+\begin{bmatrix} n \\ 2 \end{bmatrix}x^2+\begin{bmatrix} n \\ 3 \end{bmatrix}x^3+\cdots\cdots\cdots+\begin{bmatrix} n \\ n \end{bmatrix}x^n$$

$$x = 1x$$

$$x(x+1) = 1x + 1x^2$$

$$x(x+1)(x+2) = 2x + 3x^2 + 1x^3$$

$$x(x+1)(x+2)(x+3) = 6x + 11x^2 + 6x^3 + 1x^4$$

$$x(x+1)(x+2)(x+3)(x+4)$$

$$= 24x + 50x^2 + 35x^3 + 10x^4 + 1x^5$$

## 「下降階乗」を「べき乗」で表そう

今度は、「下降階乗」$x$、$x(x-1)$、$x(x-1)(x-2)$ を、「べき乗」$x$、$x^2$、$x^3$、… で表してみましょう。

それには、上の $x$ を $-x$ にするだけのことです。

$$(-x) = 1(-x)$$

$$\Rightarrow \boxed{x = 1x}$$

$$(-x)(-x+1) = 1(-x) + 1(-x)^2$$

$$\Rightarrow \boxed{x(x-1) = -1x + 1x^2}$$

$$(-x)(-x+1)(-x+2) = 2(-x) + 3(-x)^2 + 1(-x)^3$$

$$-x(x-1)(x-2) = -2x + 3x^2 - 1x^3$$

$$\Rightarrow \boxed{x(x-1)(x-2) = 2x - 3x^2 + 1x^3}$$

一般には、次の通りです（係数は符号付第１種スターリング数）。

《「下降階乗」を「べき乗」に》

$$x(x-1)(x-2)\ \cdots\ (x-(n-1))$$

$$=(-1)^{n-1}\begin{bmatrix} n \\ 1 \end{bmatrix}x+(-1)^{n-2}\begin{bmatrix} n \\ 2 \end{bmatrix}x^2+\ \cdots\cdots\ +\begin{bmatrix} n \\ n \end{bmatrix}x^n$$

$$x=1x$$

$$x(x-1)=-1x+1x^2$$

$$x(x-1)(x-2)=2x-3x^2+1x^3$$

$$x(x-1)(x-2)(x-3)=-6x+11x^2-6x^3+1x^4$$

$$x(x-1)(x-2)(x-3)(x-4)$$
$$=24x-50x^2+35x^3-10x^4+1x^5$$

## 「べき乗」→「下降（上昇）階乗」→「べき乗」

「べき乗」を、第2種スターリング数を用いて「下降階乗」で表します。さらにその「下降階乗」を、第1種スターリング数を用いて「べき乗」で表します。すると当然のことながら、元の「べき乗」に戻りますよね。

例えば「$x^3$」は次のように表されます。

$$x^3=1x+3x(x-1)+1x(x-1)(x-2)$$

この中の$x$、$x(x-1)$、$x(x-1)(x-2)$は、（「下降階乗」なので符号がついて）次の通りです。

$$x = 1x$$

$$x(x-1) = -1x + 1x^2$$

$$x(x-1)(x-2) = 2x - 3x^2 + 1x^3$$

これらを代入すると、次のようになります。

$$\begin{aligned} x^3 &= 1x + 3x(x-1) + 1x(x-1)(x-2) \\ &= 1(1x) + 3(-1x + 1x^2) + 1(2x - 3x^2 + 1x^3) \\ &= (1 \cdot 1 + 3 \cdot (-1) + 1 \cdot 2)x + (3 \cdot 1 + 1 \cdot (-3))x^2 + 1 \cdot 1x^3 \\ &= 0x + 0x^2 + 1x^3 \end{aligned}$$

ここで$x$、$x^2$、$x^3$の係数は、次のようになっています。

$$\begin{Bmatrix} 3 \\ 1 \end{Bmatrix} \begin{bmatrix} 1 \\ 1 \end{bmatrix} + \begin{Bmatrix} 3 \\ 2 \end{Bmatrix} \left( - \begin{bmatrix} 2 \\ 1 \end{bmatrix} \right) + \begin{Bmatrix} 3 \\ 3 \end{Bmatrix} \begin{bmatrix} 3 \\ 1 \end{bmatrix} = 0$$

$$\begin{Bmatrix} 3 \\ 2 \end{Bmatrix} \begin{bmatrix} 2 \\ 2 \end{bmatrix} + \begin{Bmatrix} 3 \\ 3 \end{Bmatrix} \left( - \begin{bmatrix} 3 \\ 2 \end{bmatrix} \right) = 0$$

$$\begin{Bmatrix} 3 \\ 3 \end{Bmatrix} \begin{bmatrix} 3 \\ 3 \end{bmatrix} = 1$$

行列を用いて表すと、次の通りです。ここで$\begin{bmatrix} 1 \\ 2 \end{bmatrix} = 0$、$\begin{bmatrix} 1 \\ 3 \end{bmatrix} = 0$、$\begin{bmatrix} 2 \\ 3 \end{bmatrix} = 0$です。

$$\left( \begin{Bmatrix} 3 \\ 1 \end{Bmatrix} \begin{Bmatrix} 3 \\ 2 \end{Bmatrix} \begin{Bmatrix} 3 \\ 3 \end{Bmatrix} \right) \begin{pmatrix} \begin{bmatrix} 1 \\ 1 \end{bmatrix} & -\begin{bmatrix} 1 \\ 2 \end{bmatrix} & \begin{bmatrix} 1 \\ 3 \end{bmatrix} \\ -\begin{bmatrix} 2 \\ 1 \end{bmatrix} & \begin{bmatrix} 2 \\ 2 \end{bmatrix} & -\begin{bmatrix} 2 \\ 3 \end{bmatrix} \\ \begin{bmatrix} 3 \\ 1 \end{bmatrix} & -\begin{bmatrix} 3 \\ 2 \end{bmatrix} & \begin{bmatrix} 3 \\ 3 \end{bmatrix} \end{pmatrix} = (0 \quad 0 \quad 1)$$

これは「$x^3$」の分ですが、さらに「$x$」、「$x^2$」の分を追加すると、次のようになります。ここで $\left\{ {1 \atop 2} \right\}=0$、$\left\{ {1 \atop 3} \right\}=0$、$\left\{ {2 \atop 3} \right\}=0$です。

$$
\begin{pmatrix}
\left\{ {1 \atop 1} \right\} & \left\{ {1 \atop 2} \right\} & \left\{ {1 \atop 3} \right\} \\
\left\{ {2 \atop 1} \right\} & \left\{ {2 \atop 2} \right\} & \left\{ {2 \atop 3} \right\} \\
\left\{ {3 \atop 1} \right\} & \left\{ {3 \atop 2} \right\} & \left\{ {3 \atop 3} \right\}
\end{pmatrix}
\begin{pmatrix}
\left[ {1 \atop 1} \right] & -\left[ {1 \atop 2} \right] & \left[ {1 \atop 3} \right] \\
-\left[ {2 \atop 1} \right] & \left[ {2 \atop 2} \right] & -\left[ {2 \atop 3} \right] \\
\left[ {3 \atop 1} \right] & -\left[ {3 \atop 2} \right] & \left[ {3 \atop 3} \right]
\end{pmatrix}
=
\begin{pmatrix}
1 & 0 & 0 \\
0 & 1 & 0 \\
0 & 0 & 1
\end{pmatrix}
$$

さらに「$x^4$」「$x^5$」……の分を追加していくと、次の通りです。

**《「べき乗」→「下降階乗」→「べき乗」より》**

$$
\begin{pmatrix}
\left\{ {1 \atop 1} \right\} & \left\{ {1 \atop 2} \right\} & \left\{ {1 \atop 3} \right\} & \cdots \\
\left\{ {2 \atop 1} \right\} & \left\{ {2 \atop 2} \right\} & \left\{ {2 \atop 3} \right\} & \cdots \\
\left\{ {3 \atop 1} \right\} & \left\{ {3 \atop 2} \right\} & \left\{ {3 \atop 3} \right\} & \cdots \\
& \cdots\cdots\cdots & & \\
& \cdots\cdots\cdots & &
\end{pmatrix}
\begin{pmatrix}
\left[ {1 \atop 1} \right] & -\left[ {1 \atop 2} \right] & \left[ {1 \atop 3} \right] & \cdots \\
-\left[ {2 \atop 1} \right] & \left[ {2 \atop 2} \right] & -\left[ {2 \atop 3} \right] & \cdots \\
\left[ {3 \atop 1} \right] & -\left[ {3 \atop 2} \right] & \left[ {3 \atop 3} \right] & \cdots \\
& \cdots\cdots\cdots & & \\
& \cdots\cdots\cdots & &
\end{pmatrix}
$$

$$
=
\begin{pmatrix}
1 & 0 & 0 & \cdots \\
0 & 1 & 0 & \cdots \\
0 & 0 & 1 & \cdots \\
& \cdots\cdots\cdots & & \\
& \cdots\cdots\cdots & &
\end{pmatrix}
$$

今度は、「べき乗」→「上昇階乗」→「べき乗」とすると、第2種スターリング数の方に符号がついて、次のようになります。

《「べき乗」→「上昇階乗」→「べき乗」より》

$$\begin{pmatrix} \left\{ {1 \atop 1} \right\} & -\left\{ {1 \atop 2} \right\} & \left\{ {1 \atop 3} \right\} & \cdots \\ -\left\{ {2 \atop 1} \right\} & \left\{ {2 \atop 2} \right\} & -\left\{ {2 \atop 3} \right\} & \cdots \\ \left\{ {3 \atop 1} \right\} & -\left\{ {3 \atop 2} \right\} & \left\{ {3 \atop 3} \right\} & \cdots \\ \cdots & \cdots & \cdots & \\ \cdots & \cdots & \cdots & \end{pmatrix} \begin{pmatrix} \left[ {1 \atop 1} \right] & \left[ {1 \atop 2} \right] & \left[ {1 \atop 3} \right] & \cdots \\ \left[ {2 \atop 1} \right] & \left[ {2 \atop 2} \right] & \left[ {2 \atop 3} \right] & \cdots \\ \left[ {3 \atop 1} \right] & \left[ {3 \atop 2} \right] & \left[ {3 \atop 3} \right] & \cdots \\ \cdots & \cdots & \cdots & \\ \cdots & \cdots & \cdots & \end{pmatrix}$$

$$= \begin{pmatrix} 1 & 0 & 0 & \cdots \\ 0 & 1 & 0 & \cdots \\ 0 & 0 & 1 & \cdots \\ \cdots & \cdots & \cdots & \\ \cdots & \cdots & \cdots & \end{pmatrix}$$

もっとも式に直してみれば、マイナスをどちらにつけるかだけの違いですね。

$$\left\{ {3 \atop 1} \right\} \left[ {1 \atop 1} \right] + \left\{ {3 \atop 2} \right\} \left( - \left[ {2 \atop 1} \right] \right) + \left\{ {3 \atop 3} \right\} \left[ {3 \atop 1} \right] = 0$$

$$\left\{ {3 \atop 1} \right\} \left[ {1 \atop 1} \right] + \left( - \left\{ {3 \atop 2} \right\} \right) \left[ {2 \atop 1} \right] + \left\{ {3 \atop 3} \right\} \left[ {3 \atop 1} \right] = 0$$

# 攪乱（かくらん）順列とモンモール数

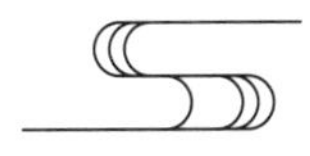

プレゼント交換の話です。〈$p.50$参照〉

今回は誰も自分が持参した品に当たらない場合を見てみましょう。これは攪乱順列とか完全順列と呼ばれていて、その総数をモンモール数といいます。$n$人でプレゼント交換をしたときのモンモール数を、ここでは$a_n$と記すことにします。

例えば3人でやったとします。このときの攪乱順列は「123」を並べかえた結果（順列）が「231」「312」で、置換で表すと次のようになります。

$$\begin{pmatrix}1&2&3\\2&3&1\end{pmatrix}、\begin{pmatrix}1&2&3\\3&1&2\end{pmatrix}$$

$n=3$の攪乱順列は2通りで、モンモール数は$a_3=2$です。

ちなみに$n=1$の1人では、プレゼント交換はできません。もしやるとしたら、そのまま持ち帰るしかありません。自分以外の品に当たることはなく、$a_1=0$です。

$n=2$の2人でやる場合は、$\begin{pmatrix}1&2\\2&1\end{pmatrix}$つまり攪乱順列は「21」の1通りです。$a_2=1$です。

問 次の人数でプレゼント交換した場合に、誰も自分の持参した品に当たらない場合は何通りあるでしょうか。

(1) 4人　　　　(2) 5人

じつは、この問題は包除原理の適用にピッタリなのです。

(1) 4人で交換する場合は、全部で$4!$通りあります。

ここから、誰かが自分の品に当たる場合を引きます。

まず4人を1、2、3、4として、1が1に当たる

$$\begin{pmatrix} 1&2&3&4 \\ 1&2&3&4 \end{pmatrix}、\begin{pmatrix} 1&2&3&4 \\ 1&3&2&4 \end{pmatrix}、\cdots\cdots$$

といった集合を$A$とします。1以外の「2、3、4」の並べかえ（順列）だけあるので、集合$A$の要素の個数は$|A|=3!$です。

2が2に当たる$B$も、3が3に当たる$C$も、4が4に当たる$D$も、$|B|=|C|=|D|=3!$です。ちなみに集合$A$、$B$、$C$、$D$は4個ありますが、これは$\binom{4}{1}$個です。

さらに$A\cap B$は1、2以外の「3、4」の並べかえ（順列）だけあるので、$|A\cap B|=2!$で、他も同様です。ここで$A\cap B$といった集合の個数は$\binom{4}{2}$個です。

また$A\cap B\cap C$では$|A\cap B\cap C|=1!$で、他も同様です。ここで$A\cap B\cap C$といった集合の個数は$\binom{4}{3}$個です。

最後に$|A\cap B\cap C\cap D|=1=0!$　です。$A\cap B\cap C\cap D$と

いった集合の個数は $\binom{4}{4}$ 個で、つまりはこれ1個だけです。

以上から、誰かが自分の持参した品に当たる場合の数 $|A \cup B \cup C \cup D|$ は、包除原理により次のようになります（$0! = 1$）。

$$\binom{4}{1}3! - \binom{4}{2}2! + \binom{4}{3}1! - \binom{4}{4}0!$$

これを4人でのプレゼント交換の総数4!通りから引きます。

$$\begin{aligned}
&4! - \left\{\binom{4}{1}3! - \binom{4}{2}2! + \binom{4}{3}1! - \binom{4}{4}0!\right\} \\
&= 4! - \frac{4!}{1!3!}3! + \frac{4!}{2!2!}2! - \frac{4!}{3!1!}1! + \frac{4!}{4!0!}0! \\
&= 4! - \frac{4!}{1!} + \frac{4!}{2!} - \frac{4!}{3!} + \frac{4!}{4!} \\
&\left( = 4!\left(1 - \frac{1}{1!} + \frac{1}{2!} - \frac{1}{3!} + \frac{1}{4!}\right) \right) \\
&= 24 - 24 + 12 - 4 + 1 \\
&= \boxed{9}
\end{aligned}$$

(2) 同様にして、次のようになります。

$$\begin{aligned}
&5!\left(1 - \frac{1}{1!} + \frac{1}{2!} - \frac{1}{3!} + \frac{1}{4!} - \frac{1}{5!}\right) \\
&= 5! - \frac{5!}{1!} + \frac{5!}{2!} - \frac{5!}{3!} + \frac{5!}{4!} - \frac{5!}{5!} \\
&= 60 - 20 + 5 - 1 \\
&= \boxed{44}
\end{aligned}$$

《モンモール数の一般項$a_n$》

$$a_n = n!\left(1 - \frac{1}{1!} + \frac{1}{2!} - \frac{1}{3!} + \cdots\cdots + (-1)^n \frac{1}{n!}\right)$$

ここからは確率の話に移ります。

プレゼント交換で、誰も自分が持参した品に当たらない確率を見てみましょう。

次の人数でプレゼント交換した場合に、誰も自分の持参した品に当たらない確率はいくらでしょうか。

(1) 1人　(2) 2人　(3) 3人

(4) 4人　(5) 5人

それぞれの「場合の数」は、次の通りでした。

(1) $a_1 = 0$　(2) $a_2 = 1$　(3) $a_3 = 2$

(4) $a_4 = 9$　(5) $a_5 = 44$

これらを、$n$人でのプレゼント交換の総数$n!$で割って、確率を求めます。

(1) $\frac{0}{1!} = \boxed{0}$　(2) $\frac{1}{2!} = \boxed{\frac{1}{2}}$ (0.5)　(3) $\frac{2}{3!} = \boxed{\frac{1}{3}}$ (0.333…)

(4) $\frac{9}{4!} = \boxed{\frac{3}{8}}$ (0.375)　(5) $\frac{44}{5!} = \boxed{\frac{11}{30}}$ (0.366…)

これを見ると、4人でも5人でも、その確率はほとんど変わりませんね。それでは、もっと人数が増えたらどうでしょうか。

モンモール数の一般項$a_n$を$n!$で割ると、次の通りです。

$$\frac{a_n}{n!}=1-\frac{1}{1!}+\frac{1}{2!}-\frac{1}{3!}+\cdots\cdots+(-1)^n\frac{1}{n!}$$

問題は$n\to\infty$としたとき、$\frac{a_n}{n!}$がどうなるかです。

**問** $n\to\infty$のとき

$$1-\frac{1}{1!}+\frac{1}{2!}-\frac{1}{3!}+\cdots\cdots+(-1)^n\frac{1}{n!}\ \to\ \square$$

全部プラスの$1+\frac{1}{1!}+\frac{1}{2!}+\frac{1}{3!}+\cdots\cdots$なら、自然対数の底$e$として、よく知られていますね。

$$e=1+\frac{1}{1!}+\frac{1}{2!}+\frac{1}{3!}+\cdots\cdots$$

そこで、指数関数

$$e^x=1+\frac{1}{1!}x+\frac{1}{2!}x^2+\frac{1}{3!}x^3+\cdots\cdots$$

において、$x=-1$としてみましょう。

$$e^{-1}=1+\frac{1}{1!}(-1)+\frac{1}{2!}(-1)^2+\frac{1}{3!}(-1)^3+\cdots\cdots$$

$$\frac{1}{e}=1-\frac{1}{1!}+\frac{1}{2!}-\frac{1}{3!}+\cdots\cdots$$

つまり$n \to \infty$とき、次のようになっています。

$$1-\frac{1}{1!}+\frac{1}{2!}-\frac{1}{3!}+\cdots\cdots+(-1)^n\frac{1}{n!} \to \boxed{\frac{1}{e}}$$

ここで $\frac{1}{e}=0.36787944117144232159552377 01\cdots\cdots$ です。

$n=4$の4人では、 $\frac{9}{4!}=\frac{3}{8}=0.375$

$n=5$ の5人では、 $\frac{44}{5!}=\frac{11}{30}=0.366\cdots\cdots$

$n \to \infty$ の大勢では、 $\frac{a_n}{n!} \to \frac{1}{e}=0.367\cdots\cdots$

プレゼント交換で誰も自分が持参した品に当たらない確率は、人数が増えても4人や5人の場合とほとんど変わっていません。何だか不思議な現象ですね。

# 4章

# ベル数と無限級数

ベル数やスターリング数より、ベルヌーイ数の方が有名かもしれませんね。そのベルヌーイ数は、ゼータ関数$\zeta(x)=\frac{1}{1^x}+\frac{1}{2^x}+\frac{1}{3^x}$ + …… の$x=2n$（正の偶数）の値に登場します。それでは$\frac{1^x}{1!}+\frac{2^x}{2!}+\frac{3^x}{3!}+$ …… の$x=n$（正の整数）の値には、どんな数が登場するのでしょうか。

## 無限和を、ベルヌーイ数を用いて表そう

次の無限級数の和（無限和）は、（□の値を覚えているか否かは別として）とても有名ですね。

$$\frac{1}{1^2}+\frac{1}{2^2}+\frac{1}{3^2}+\cdots\cdots=\square$$

$$\frac{1}{1^4}+\frac{1}{2^4}+\frac{1}{3^4}+\cdots\cdots=\square$$

$$\frac{1}{1^6}+\frac{1}{2^6}+\frac{1}{3^6}+\cdots\cdots=\square$$

ちなみに、これらはゼータ関数$\zeta(x)$

$$\zeta(x)=\frac{1}{1^x}+\frac{1}{2^x}+\frac{1}{3^x}+\cdots\cdots\cdots\cdots$$

の$x=2n$（正の偶数）での値です。

$$\zeta(2n)=\frac{1}{1^{2n}}+\frac{1}{2^{2n}}+\frac{1}{3^{2n}}+\cdots\cdots\cdots\cdots$$

じつはこの$\zeta(2n)$は、ベルヌーイ数$B_{2n}$を用いて次のように表されます。

**《（正の）偶数でのゼータの値》**

$n\,(n \geq 1)$が整数のとき、

$$\zeta(2n) = (-1)^{n-1}\frac{2^{2n-1}\pi^{2n}}{(2n)!}B_{2n}$$

そのベルヌーイ数$B_m$ですが、次のような漸化式から次々に出てくる数です（$B_0 = 1$）。

**《ベルヌーイ数の漸化式$\left(B_1 = \frac{1}{2}\right)$》**

$$n = \binom{n}{0}B_0 + \binom{n}{1}B_1 + \binom{n}{2}B_2 + \cdots + \binom{n}{n-1}B_{n-1}$$

ただし書籍によっては$B_1 = -\frac{1}{2}$としているので、くれぐれも最初に確認してください。本書では、この場合は$B_1^* = -\frac{1}{2}$と記すことにします。

$B_1^* = -\frac{1}{2} = \frac{1}{2} - 1 = B_1 - 1$なので、$B_1^*$が入った漸化式の方は、左辺の$n$を移項して$n = \binom{n}{1}$でまとめると、次のようになります（$B_0 = 1$）。

$$0=\binom{n}{0}B_0+\binom{n}{1}(B_1-1)+\binom{n}{2}B_2+\cdots+\binom{n}{n-1}B_{n-1}$$

**《ベルヌーイ数の漸化式 $\left(B_1^*=-\frac{1}{2}\right)$》**

$$0=\binom{n}{0}B_0+\binom{n}{1}B_1^*+\binom{n}{2}B_2+\cdots+\binom{n}{n-1}B_{n-1}$$

余談ですが、$B_1=\dfrac{1}{2}$ の場合の漸化式は、p.20のベル数 $B(n)$ の漸化式の右辺を並べかえ、$\dbinom{n}{k}=\dbinom{n}{n-k}$ であることを用いて出てくる下の式と、形が少々似ていますね。

$$n=\binom{n}{0}B_0+\binom{n}{1}B_1+\binom{n}{2}B_2+\cdots+\binom{n}{n-1}B_{n-1}$$

$$B(n+1)=\binom{n}{0}B(0)+\binom{n}{1}B(1)+\binom{n}{2}B(2)+\cdots+\binom{n}{n}B(n)$$

それでは、ベルヌーイ数について少しだけ見ていきましょう。ただし奇数番目のベルヌーイ数は、$B_1=\dfrac{1}{2}$ $\left(B_1^*=-\dfrac{1}{2}\right)$ を除いて、じつは $B_{2n+1}=0$ $(n\geq 1)$ となっています。

問 漸化式から$B_2$、$B_4$、$B_6$を出し、$\zeta(2)$、$\zeta(4)$、$\zeta(6)$を求めましょう。

［$B_2$、$\zeta(2)$］ $3=\binom{3}{0}B_0+\binom{3}{1}B_1+\binom{3}{2}B_2$

$$3=1B_0+3B_1+3B_2$$

$$3=1\cdot 1+3\cdot\frac{1}{2}+3B_2$$

$$\boxed{\frac{1}{6}=B_2}$$

$$n=1\text{、}\zeta(2)=(-1)^{1-1}\frac{2^{2-1}\pi^2}{2!}B_2$$

$$\zeta(2)=\frac{2\pi^2}{2}\cdot\frac{1}{6}$$

$$\boxed{\zeta(2)=\frac{\pi^2}{6}}$$

［$B_4$、$\zeta(4)$］

$$5=\binom{5}{0}B_0+\binom{5}{1}B_1+\binom{5}{2}B_2+\binom{5}{3}B_3+\binom{5}{4}B_4$$

$$5=1B_0+5B_1+10B_2+10B_3+5B_4$$

$$5=1\cdot 1+5\cdot\frac{1}{2}+10\cdot\frac{1}{6}+10\cdot 0+5B_4$$

$$\boxed{-\frac{1}{30}=B_4}$$

$$n=2、\ \zeta(4)=(-1)^{2-1}\frac{2^{4-1}\pi^4}{4!}B_4$$

$$\zeta(4)=-\frac{2\cdot 2\cdot 2\pi^4}{4\cdot 3\cdot 2}\cdot\left(-\frac{1}{30}\right)$$

$$\boxed{\zeta(4)=\frac{\pi^4}{90}}$$

[$B_6$、$\zeta(6)$]

$$7=\binom{7}{0}B_0+\binom{7}{1}B_1+\binom{7}{2}B_2+\binom{7}{3}B_3+\cdots+\binom{7}{6}B_6$$

$$7=1B_0+7B_1+21B_2+35B_3+35B_4+21B_5+7B_6$$

$$7=1\cdot 1+7\cdot\frac{1}{2}+21\cdot\frac{1}{6}+35\cdot 0+35\cdot\left(-\frac{1}{30}\right)+21\cdot 0+7B_6$$

$$\boxed{\frac{1}{42}=B_6}$$

$$n=3、\ \zeta(6)=(-1)^{3-1}\frac{2^{6-1}\pi^6}{6!}B_6$$

$$\zeta(6)=\frac{2\cdot 2\cdot 2\cdot 2\cdot 2\pi^6}{6\cdot 5\cdot 4\cdot 3\cdot 2}\cdot\frac{1}{42}$$

$$\boxed{\zeta(6)=\frac{\pi^6}{945}}$$

$p$.118の無限和は、次の通りです。

$$\zeta(2) = \frac{1}{1^2} + \frac{1}{2^2} + \frac{1}{3^2} + \cdots\cdots\cdots\cdots = \frac{\pi^2}{6}$$

$$\zeta(4) = \frac{1}{1^4} + \frac{1}{2^4} + \frac{1}{3^4} + \cdots\cdots\cdots\cdots = \frac{\pi^4}{90}$$

$$\zeta(6) = \frac{1}{1^6} + \frac{1}{2^6} + \frac{1}{3^6} + \cdots\cdots\cdots\cdots = \frac{\pi^6}{945}$$

## 無限和を、ベル数を用いて表そう（1）

今度は、次のような無限級数の和（無限和）を見ていきましょう。

$$\frac{1}{1!} + \frac{2}{2!} + \frac{3}{3!} + \cdots\cdots\cdots\cdots = \square$$

$$\frac{1^2}{1!} + \frac{2^2}{2!} + \frac{3^2}{3!} + \cdots\cdots\cdots\cdots = \square$$

$$\frac{1^3}{1!} + \frac{2^3}{2!} + \frac{3^3}{3!} + \cdots\cdots\cdots\cdots = \square$$

$$\frac{1^4}{1!} + \frac{2^4}{2!} + \frac{3^4}{3!} + \cdots\cdots\cdots\cdots = \square$$

$$\frac{1^5}{1!} + \frac{2^5}{2!} + \frac{3^5}{3!} + \cdots\cdots\cdots\cdots = \square$$

ちなみに一番上の式は（約分すると）

$$\frac{1}{1!} + \frac{2}{2!} + \frac{3}{3!} + \cdots\cdots = 1 + \frac{1}{1!} + \frac{1}{2!} + \cdots\cdots$$

となり、これは自然対数の底$e$です。

$$e = 1 + \frac{1}{1!} + \frac{1}{2!} + \cdots\cdots$$

結論を明かすと、順に次のようになっています。

$\boxed{1e}$、$\boxed{2e}$、$\boxed{5e}$、$\boxed{15e}$、$\boxed{52e}$

（$e$の前に）見覚えのある数が並んでいますね。そうです。ベル数です。5番目の52は、5香の源氏香でおなじみですね。

一般には、次のようになっています。

**《ベル数と無限級数》**（$B(n)$はベル数）

$$\frac{1^n}{1!} + \frac{2^n}{2!} + \frac{3^n}{3!} + \cdots\cdots\cdots\cdots = B(n)\,e$$

これから、このことを見ていきましょう。

## ベル数の「母関数」を求めよう

（正の）偶数でのゼータ関数の値を求めるとき、次のベルヌーイ数の母関数「$\frac{xe^x}{e^x - 1}$」が大きな役割をはたしました。そもそもこの係数に現れる数$B_n$を、ベルヌーイ数の定義とすることも多いほどです。

**《ベルヌーイ数の母関数 $\left(B_1=\frac{1}{2}\right)$》**

$$\frac{xe^x}{e^x-1}=B_0+\frac{B_1}{1!}x+\frac{B_2}{2!}x^2+\frac{B_3}{3!}x^3+\cdots\cdots$$

それでは、$B_1^*=-\dfrac{1}{2}$の場合の母関数はどうなっているのでしょうか。

簡単ですね。$B_1-1=B_1^*$なので、両辺から$x$を引けばよいだけです。

$$\frac{xe^x}{e^x-1}-x=B_0+\frac{(B_1-1)}{1!}x+\frac{B_2}{2!}x^2+\frac{B_3}{3!}x^3+\cdots\cdots$$

この左辺は、次のようになります。

$$\frac{xe^x}{e^x-1}-x=\frac{xe^x-x\,(e^x-1)}{e^x-1}=\frac{x}{e^x-1}$$

**《ベルヌーイ数の母関数 $\left(B_1^*=-\frac{1}{2}\right)$》**

$$\frac{x}{e^x-1}=B_0+\frac{B_1^*}{1!}x+\frac{B_2}{2!}x^2+\frac{B_3}{3!}x^3+\cdots\cdots$$

ベルヌーイ数の母関数を求めることは他書に譲ることにして(参考文献[6])、ここで問題にするのはベル数の母関数です。

まず、ベル数の母関数を$F(x)$と置きます。

$$F(x) = B(0) + \frac{B(1)}{1!}x + \frac{B(2)}{2!}x^2 + \frac{B(3)}{3!}x^3 + \cdots\cdots$$

ちなみに、$B(0)$、$B(1)$、$B(2)$、$B(3)$、…… ではなく、これらがすべて1となっている関数は有名ですね。

$$e^x = 1 + \frac{1}{1!}x + \frac{1}{2!}x^2 + \frac{1}{3!}x^3 + \cdots\cdots$$

上記の指数関数を表す記号「$e^x$」は、オイラーが使い始めたものです。指数（exponent）からと思われますが、オイラー（Euler）の頭文字との説もささやかれているようです。

ベルヌーイ数の母関数を求める際は、$e^x$から1を引いた「$e^x - 1$」と、求める母関数をかけてみました。そうすることで、ベルヌーイ数の漸化式に帰着させたのです。

ベル数では、そのまま「$e^x$」と、求める母関数$F(x)$をかけてみます。同様に、ベル数の漸化式に帰着させようという作戦です。

$$F(x) = B(0) + \frac{B(1)}{1!}x + \frac{B(2)}{2!}x^2 + \frac{B(3)}{3!}x^3 + \cdots\cdots$$
$$e^x = 1 + \frac{1}{1!}x + \frac{1}{2!}x^2 + \frac{1}{3!}x^3 + \cdots\cdots$$

それでは、上の2つをかけていきます。

$$F(x)\,e^x = B(0) + \left(\frac{B(0)}{1!} + \frac{B(1)}{1!}\right)x + \left(\frac{B(0)}{2!} + \frac{B(1)}{1!1!} + \frac{B(2)}{2!}\right)x^2 + \left(\frac{B(0)}{3!} + \frac{B(1)}{1!2!} + \frac{B(2)}{2!1!} + \frac{B(3)}{3!}\right)x^3 + \cdots\cdots$$

$$= B(0) + (B(0) + B(1))\,x + \frac{1}{2!}\left(\frac{2!}{2!}B(0) + \frac{2!}{1!1!}B(1) + \frac{2!}{2!}B(2)\right)x^2 + \frac{1}{3!}\left(\frac{3!}{3!}B(0) + \frac{3!}{1!2!}B(1) + \frac{3!}{2!1!}B(2) + \frac{3!}{3!}B(3)\right)x^3 + \cdots\cdots$$

$$= B(0) + \left(\binom{1}{0}B(0) + \binom{1}{1}B(1)\right)x + \frac{1}{2!}\left(\binom{2}{0}B(0) + \binom{2}{1}B(1) + \binom{2}{2}B(2)\right)x^2 + \frac{1}{3!}\left(\binom{3}{0}B(0) + \binom{3}{1}B(1) + \binom{3}{2}B(2) + \binom{3}{3}B(3)\right)x^3 + \cdots$$

ここで$p.20$のベル数の漸化式と、$B(0) = B(1) = 1$、$B(2) = 2$ を用います。すると、次のようになります。

$$F(x)\,e^x = B(1) + B(2)\,x + \frac{1}{2!}B(3)\,x^2 + \frac{1}{3!}B(4)\,x^3 + \cdots\cdots$$

ところで、この右辺ですが、

$$F(x)=B(0)+\frac{B(1)}{1!}x+\frac{B(2)}{2!}x^2+\frac{B(3)}{3!}x^3+\cdots\cdots$$

を微分すると、うまい具合に次のようになってきます。

$$F'(x)=\frac{B(1)}{1!}+\frac{B(2)}{2!}2x+\frac{B(3)}{3!}3x^2+\frac{B(4)}{4!}4x^3+\cdots\cdots$$

$$=B(1)+\frac{B(2)}{1!}x+\frac{B(3)}{2!}x^2+\frac{B(4)}{3!}x^3+\cdots\cdots$$

このことから、$p.127$下は次のようになります。

$$F(x)\,e^x=F'(x)$$

$$e^x=\frac{F'(x)}{F(x)}$$

これを満たす$F(x)$の求め方は、高校で学びましたね。両辺を積分すると、次の通りです（逆に微分して確かめてみましょう）。

$$e^x+C=\log F(x)\quad（C は積分定数）$$

$$e^{ex+C}=F(x)$$

このときの$C$を求めます。さて、

$$F(x)=B(0)+\frac{B(1)}{1!}x+\frac{B(2)}{2!}x^2+\frac{B(3)}{3!}x^3+\cdots\cdots$$

を見てみると、$x=0$のとき$F(0)=B(0)=1$です。

そこで$e^{ex+C}=F(x)$において$x=0$とします。すると$e^{e0+C}=F(0)$つまり$e^{1+C}=F(0)=1$となり、これより$C=-1$と求まります。

これで求める$F(x)$は、$F(x)=e^{(ex-1)}$と判明しました。

《ベル数の母関数》

$$e^{(e^x-1)}=B(0)+\frac{B(1)}{1!}x+\frac{B(2)}{2!}x^2+\frac{B(3)}{3!}x^3+\cdots\cdots$$

## 無限和を、ベル数を用いて表そう(2)

ベル数の母関数が分かったところで、いよいよ$p.123$の無限和を求めていきましょう。

上の等式の左辺は、$e^{(e^x-1)}=e^{e^x}\cdot e^{-1}=e^{e^x}\cdot\frac{1}{e}$です。そこで、まず両辺を$e$倍すると次のようになります。

$$e^{e^x}=B(0)\,e+\frac{B(1)\,e}{1!}x+\frac{B(2)\,e}{2!}x^2+\frac{B(3)\,e}{3!}x^3+\cdots\cdots$$

この左辺の「$e^{e^x}$」をべき級数に展開します。その後で、両辺の係数を比べようというわけです。

$$\begin{aligned}e^{e^x}&=1+\frac{1}{1!}(e^x)+\frac{1}{2!}(e^x)^2+\frac{1}{3!}(e^x)^3+\cdots\cdots\\&=1+\frac{1}{1!}e^{1x}+\frac{1}{2!}e^{2x}+\frac{1}{3!}e^{3x}+\cdots\cdots\\&=1+\frac{1}{1!}\left(1+\frac{1}{1!}(1x)+\frac{1}{2!}(1x)^2+\frac{1}{3!}(1x)^3+\cdots\cdots\right)\\&\quad+\frac{1}{2!}\left(1+\frac{1}{1!}(2x)+\frac{1}{2!}(2x)^2+\frac{1}{3!}(2x)^3+\cdots\cdots\right)\\&\quad+\frac{1}{3!}\left(1+\frac{1}{1!}(3x)+\frac{1}{2!}(3x)^2+\frac{1}{3!}(3x)^3+\cdots\cdots\right)\end{aligned}$$

$$+ \cdots\cdots\cdots\cdots\cdots\cdots$$

$$= 1 + \left( \frac{1}{1!} + \frac{1}{2!} + \frac{1}{3!} + \cdots\cdots \right)$$

$$+ \frac{1}{1!} \left( \frac{1}{1!} + \frac{2}{2!} + \frac{3}{3!} + \cdots\cdots \right) x$$

$$+ \frac{1}{2!} \left( \frac{1^2}{1!} + \frac{2^2}{2!} + \frac{3^2}{3!} + \cdots\cdots \right) x^2$$

$$+ \frac{1}{3!} \left( \frac{1^3}{1!} + \frac{2^3}{2!} + \frac{3^3}{3!} + \cdots\cdots \right) x^3$$

$$+ \cdots\cdots\cdots\cdots\cdots\cdots$$

いよいよ上の式と、$p$.129中ほどの右辺の

$$B(0)\,e + \frac{B(1)\,e}{1!} x + \frac{B(2)\,e}{2!} x^2 + \frac{B(3)\,e}{3!} x^3 + \cdots\cdots$$

の係数を比較します。

**[定数項]**　$(B(0) = 1)$

$$1 + \left( \frac{1}{1!} + \frac{1}{2!} + \frac{1}{3!} + \cdots\cdots \right) = B(0)\,e$$

**[$x$の係数]**　$(B(1) = 1)$

$$\frac{1}{1!} + \frac{2}{2!} + \frac{3}{3!} + \cdots\cdots = B(1)\,e$$

**[$x^2$の係数]**　$(B(2) = 2)$

$$\frac{1^2}{1!} + \frac{2^2}{2!} + \frac{3^2}{3!} + \cdots\cdots = B(2)\,e$$

**[$x^3$の係数]**　$(B(3)=5)$

$$\frac{1^3}{1!}+\frac{2^3}{2!}+\frac{3^3}{3!}+\cdots\cdots=B(3)\,e$$

**[$x^n$の係数]**

$$\frac{1^n}{1!}+\frac{2^n}{2!}+\frac{3^n}{3!}+\cdots\cdots=B(n)\,e$$

これで*p*.123の□や、*p*.124の青枠が出てきましたね。

## $e^x$から始め、$x$をかけて微分していくと…

先ほどはベル数の母関数を介して、無限和 $\frac{1^n}{1!}+\frac{2^n}{2!}+\frac{3^n}{3!}+\cdots$ を求めてきました。でも、じつは直接的にも求められるのです。

[1乗]　着目するのは$e^x$です。

$$e^x=1+\frac{1}{1!}x+\frac{1}{2!}x^2+\cdots\cdots$$

$$=\frac{1}{1!}+\frac{2}{2!}x+\frac{3}{3!}x^2+\cdots\cdots$$

ここで$x=1$とすると、まず次が出てきます。

$$e=\frac{1}{1!}+\frac{2}{2!}+\frac{3}{3!}+\cdots\cdots$$

[2乗]　次に、「$e^x$」に$x$をかけます。

$$\left(e^x=\frac{1}{1!}+\frac{2}{2!}x+\frac{3}{3!}x^2+\cdots\cdots\right)$$

$$xe^x = \frac{1}{1!}x + \frac{2}{2!}x^2 + \frac{3}{3!}x^3 + \cdots\cdots$$

この両辺を、積の微分 $(f(x)g(x))' = f'(x)g(x) + f(x)g'(x)$ を用いて微分します。ちなみに$e^x$は微分してもそのままです。

$$1e^x + xe^x = \frac{1}{1!}1 + \frac{2}{2!}2x + \frac{3}{3!}3x^2 + \cdots\cdots$$

$$(1+x)e^x = \frac{1^2}{1!} + \frac{2^2}{2!}x + \frac{3^2}{3!}x^2 + \cdots\cdots$$

ここで$x=1$とすると、次が出てきます。

$$2e = \frac{1^2}{1!} + \frac{2^2}{2!} + \frac{3^2}{3!} + \cdots\cdots$$

**問** $(1+x)e^x = \frac{1^2}{1!} + \frac{2^2}{2!}x + \frac{3^2}{3!}x^2 + \cdots\cdots$ から、

$$5e = \frac{1^3}{1!} + \frac{2^3}{2!} + \frac{3^3}{3!} + \cdots\cdots$$

を出しましょう。

[3乗]　両辺に$x$をかけると、次のようになります。

$$(x+x^2)e^x = \frac{1^2}{1!}x + \frac{2^2}{2!}x^2 + \frac{3^2}{3!}x^3 + \cdots\cdots$$

この両辺を微分すると、次の通りです。

$$(1+2x)\,e^x + (x+x^2)\,e^x = \frac{1^2}{1!}1 + \frac{2^2}{2!}2x + \frac{3^2}{3!}3x^2 + \cdots\cdots$$

$$(1+3x+x^2)\,e^x = \frac{1^3}{1!} + \frac{2^3}{2!}x + \frac{3^3}{3!}x^2 + \cdots\cdots$$

ここで$x=1$とすると、次が出てきます。

$$5e = \frac{1^3}{1!} + \frac{2^3}{2!} + \frac{3^3}{3!} + \cdots\cdots$$

## $x$をかけ、それを微分した式とたし算すると…

「$1e^x$」「$(1+x)\,e^x$」「$(1+3x+x^2)\,e^x$」に出てきた多項式「1」「$1+x$」「$1+3x+x^2$」の係数には、見覚えがありますね。

p.42で見てきた、第2種スターリング数の三角形の各行「1」「1、1」「1、3、1」です。

```
                1 ──────────→ 1
             1 ×1 1 ────────→ 1+1x
          1 ×1 3 ×2 1 ──────→ 1+3x+1x²
       1 ×1 7 ×2 6 ×3 1 ────→ 1+7x+6x²+1x³
    1 ×1 15 ×2 25 ×3 10 ×4 1       (1)
 1 ×1 31 ×2 90 ×3 65 ×4 15 ×5 1    (2)
```

この三角形から、各行を係数とした多項式を作ります。ただし、今回の多項式は「昇べき」にします。各行の1番目は「定数項」、2番目は「$x$の係数」、3番目は「$x^2$の係数」、……というように。

それにしても「$1e^x$」「$(1+x)e^x$」「$(1+3x+x^2)e^x$」の中の「1」「$1+x$」「$1+3x+x^2$」に、なぜこうして第2種スターリング数の三角形から作られた多項式が現れてきたのでしょうか。

じつは「$x$をかけて、それを微分した式とたし算する」という手順を考えると、これには次の第2種スターリング数の漸化式が反映されてくるのです。

$$\left\{ \begin{matrix} n+1 \\ k \end{matrix} \right\} = \left\{ \begin{matrix} n \\ k-1 \end{matrix} \right\} + k \left\{ \begin{matrix} n \\ k \end{matrix} \right\}$$

例えば$1+7x+6x^2+1x^3$は、1つ前の$1+3x+1x^2$に$x$をかけ、それを微分した式とたし算すれば出てきます。

$$\begin{array}{lrl} [x\text{をかける}] & & 1x \quad +3x^2+1x^3 \\ [\text{それを微分する}] & +) & 1+2\cdot 3x+3\cdot 1x^2 \\ \hline & & 1 \quad +7x \quad +6x^2+1x^3 \end{array}$$

「2」番目の7は、1+2･3というように、その前の1番目の1と2番目の3の「2倍」の和となっています。「3」番目の6は、3+3･1というように、その前の2番目の3と3番目の1の「3倍」の和となっていますね。

漸化式の「$k$倍」するところが、「$x^k$を微分すると$kx^{k-1}$」となることで、うまい具合に実現されているのです。

p.133 下の(1)(2)を、1つ前の多項式に「$x$をかけて微分してたす」方法で出してみましょう。

$$1 + 7x + 6x^2 + 1x^3 \Rightarrow (1)$$

$$(1) \Rightarrow (2)$$

(1)

$$\begin{array}{lrrrrr} [x\text{をかける}] & & 1x & +7x^2 & +6x^3 & +1x^4 \\ [\text{それを微分する}] & +)\ 1 & +2\cdot 7x & +3\cdot 6x^2 & +4\cdot 1x^3 & \\ \hline & 1 & +15x & +25x^2 & +10x^3 & +1x^4 \end{array}$$

(2)

$$\begin{array}{lrrrrrr} [\times x] & & 1x & +15x^2 & +25x^3 & +10x^4 & +1x^5 \\ [\text{微分}] & +)\ 1 & +2\cdot 15x & +3\cdot 25x^2 & +4\cdot 10x^3 & +5\cdot 1x^4 & \\ \hline & 1 & +31x & +90x^2 & +65x^3 & +15x^4 & +1x^5 \end{array}$$

さて漸化式の「$k$倍」のところは、「$x^k$を微分すると$kx^{k-1}$」となることで説明がつきました。

$$\left\{ {n+1 \atop k} \right\} = \left\{ {n \atop k-1} \right\} + k \left\{ {n \atop k} \right\}$$

それでは漸化式の「たし算」のところは、「$1e^x$」から始めて「$x$をかけて微分する」だけで、なぜ実現されるのでしょうか。

$$\left\{ {n+1 \atop k} \right\} = \left\{ {n \atop k-1} \right\} + k \left\{ {n \atop k} \right\}$$

じつは、それは次の「積の微分」の公式のおかげなのです。

$$(f(x)g(x))' = f'(x)g(x) + f(x)g'(x)$$

$g(x) = e^x$ の場合は、($e^x$ は微分してもそのままなので)次のようになります。

$$\begin{aligned}(f(x)e^x)' &= f'(x)e^x + f(x)e^x \\ &= \{f'(x) + f(x)\}e^x\end{aligned}$$

「$f'(x) + f(x)$」というように、$f'(x)$ と $f(x)$ の「たし算」になっていますね。

つまりは、うまい具合に漸化式をみたすことになるのです。このため、この方法で出てくる多項式の係数は、第2種スターリング数となってくるのです。

**《第2種スターリング数の多項式と無限級数》**

$$\left(\begin{Bmatrix}n\\1\end{Bmatrix} + \begin{Bmatrix}n\\2\end{Bmatrix}x + \begin{Bmatrix}n\\3\end{Bmatrix}x^2 + \cdots + \begin{Bmatrix}n\\n\end{Bmatrix}x^{n-1}\right)e^x$$

$$= \frac{1^n}{1!} + \frac{2^n}{2!}x + \frac{3^n}{3!}x^2 + \cdots\cdots$$

$x = 1$ とすると、$\begin{Bmatrix}n\\1\end{Bmatrix} + \begin{Bmatrix}n\\2\end{Bmatrix} + \begin{Bmatrix}n\\3\end{Bmatrix} + \cdots + \begin{Bmatrix}n\\n\end{Bmatrix} = B(n)$ から、$p.124$ の次の式が出てきます。

$$B(n)\,e=\frac{1^n}{1!}+\frac{2^n}{2!}+\frac{3^n}{3!}+\cdots\cdots$$

## 無限級数から第2種スターリング数の「一般項」を…

$p$.136青枠の式は、両辺に$e^{-x}$をかけると次のようになります。

$$\left\{\begin{matrix}n\\1\end{matrix}\right\}+\left\{\begin{matrix}n\\2\end{matrix}\right\}x+\left\{\begin{matrix}n\\3\end{matrix}\right\}x^2+\cdots+\left\{\begin{matrix}n\\n\end{matrix}\right\}x^{n-1}$$

$$=e^{-x}\left(\frac{1^n}{1!}+\frac{2^n}{2!}x+\frac{3^n}{3!}x^2+\cdots\cdots\right)\quad\cdots\cdots(★)$$

ここで$e^{-x}$は次の通りです。

$$e^{-x}=1+\frac{1}{1!}(-x)+\frac{1}{2!}(-x)^2+\frac{1}{3!}(-x)^3+\cdots\cdots$$

$$=1-\frac{1}{1!}x+\frac{1}{2!}x^2-\frac{1}{3!}x^3+\cdots\cdots$$

すると(★)の「右辺」は、次のようになります。

$$e^{-x}\left(\frac{1^n}{1!}+\frac{2^n}{2!}x+\frac{3^n}{3!}x^2+\cdots\cdots\right)$$

$$=\left(1-\frac{1}{1!}x+\frac{1}{2!}x^2-\cdots\cdots\right)\left(\frac{1^n}{1!}+\frac{2^n}{2!}x+\frac{3^n}{3!}x^2+\cdots\cdots\right)$$

$$=\frac{1^n}{1!}+\left(\frac{2^n}{2!}-\frac{1^n}{1!1!}\right)x+\left(\frac{3^n}{3!}-\frac{2^n}{1!2!}+\frac{1^n}{2!1!}\right)x^2+\cdots\cdots$$

$$=\frac{1}{1!}1^n+\frac{1}{2!}\left(\frac{2!}{2!}2^n-\frac{2!}{1!1!}1^n\right)x$$

$$+\frac{1}{3!}\left(\frac{3!}{3!}3^n-\frac{3!}{1!2!}2^n+\frac{3!}{2!1!}1^n\right)x^2+\cdots\cdots$$

$$=\frac{1}{1!}1^n+\frac{1}{2!}\left(2^n-\binom{2}{1}1^n\right)x$$

$$+\frac{1}{3!}\left(3^n-\binom{3}{1}2^n+\binom{3}{2}1^n\right)x^2+\cdots\cdots$$

$p.137$ (★)の「左辺」と係数を比較すると、次が出てきます。

$$\left\{ {n \atop 1} \right\}=\frac{1}{1!}1^n$$

$$\left\{ {n \atop 2} \right\}=\frac{1}{2!}\left(2^n-\binom{2}{1}1^n\right)$$

$$\left\{ {n \atop 3} \right\}=\frac{1}{3!}\left(3^n-\binom{3}{1}2^n+\binom{3}{2}1^n\right)$$

$$\cdots\cdots\cdots\cdots\cdots\cdots\cdots\cdots\cdots\cdots\cdots\cdots$$

$$\left\{ {n \atop n} \right\}=\frac{1}{n!}\left\{n^n-\binom{n}{1}(n-1)^n+\binom{n}{2}(n-2)^n-\cdots\cdots\right.$$

$$\left.\cdots\cdots+(-1)^{n-1}\binom{n}{n-1}1^n\right\}$$

ここまでは次の通りです。

> $1\leq k\leq n$のとき
>
> $$\left\{ {n \atop k} \right\}=\frac{1}{k!}\left\{k^n-\binom{k}{1}(k-1)^n+\binom{k}{2}(k-2)^n-\binom{k}{3}(k-3)^n\right.$$
>
> $$\left.+\cdots\cdots+(-1)^{k-1}\binom{k}{k-1}1^n\right\}$$

この式はすでに、$p.88$で「場合の数」(包除原理) から見てきましたね。

# 電脳会議

DENNOUKAIGI

一切無料

## 今が旬の書籍情報を満載してお送りします！

『電脳会議』は、年6回刊行の無料情報誌です。2023年10月発行のVol.221より**リニューアル**し、**A4判・32頁カラー**と**ボリュームアップ**。弊社発行の新刊・近刊書籍や、注目の書籍を担当編集者自らが紹介しています。今後は図書目録はなくなり、『電脳会議』上で弊社書籍ラインナップや最新情報などをご紹介していきます。新しくなった『電脳会議』にご期待下さい。

# Software Design も電子版で読める！

## 電子版定期購読がお得に楽しめる！

くわしくは、
「**Gihyo Digital Publishing**」
のトップページをご覧ください。

# 電子書籍をプレゼントしよう！

Gihyo Digital Publishing でお買い求めいただける特定の商品と引き替えが可能な、ギフトコードをご購入いただけるようになりました。おすすめの電子書籍や電子雑誌を贈ってみませんか？

**こんなシーンで…**

- ●ご入学のお祝いに　●新社会人への贈り物に
- ●イベントやコンテストのプレゼントに　………

◎**ギフトコードとは？**　Gihyo Digital Publishing で販売している商品と引き替えできるクーポンコードです。コードと商品は一対一で結びつけられています。

くわしい**ご利用方法**は、「**Gihyo Digital Publishing**」をご覧ください。

ソフトのインストールが必要となります。
印刷を行うことができます。法人・学校での一括購入においても、利用者1人につき1アカウントが必要となり、

他人への譲渡、共有はすべて著作権法および規約違反です。

ちなみに$p.137$(★)の「左辺」の$x^n$、$x^{n+1}$、……の係数は0なので、引き続き係数を比べていくと、次が出てきます。

$k \geq n+1$のとき

$$0 = k^n - \binom{k}{1}(k-1)^n + \binom{k}{2}(k-2)^n - \binom{k}{3}(k-3)^n + \cdots\cdots + (-1)^{k-1}\binom{k}{k-1}1^n$$

$p.92$で見てきたように、この式は「場合の数」(包除原理)からは明らかでしたね。

## 第2種スターリング数の「母関数」を求めよう

せっかくなので、第2種スターリング数の母関数を求めてみましょう。

まず第2種スターリング数$\left\{ {n \atop k} \right\}$の母関数を$F_k(x)$と置きます($\left\{ {0 \atop k} \right\}=0$、$0!=1$、$k>n$のとき$\left\{ {n \atop k} \right\}=0$)。

$$F_k(x) = \left\{ {0 \atop k} \right\}\frac{1}{0!} + \left\{ {1 \atop k} \right\}\frac{x}{1!} + \left\{ {2 \atop k} \right\}\frac{x^2}{2!} + \left\{ {3 \atop k} \right\}\frac{x^3}{3!} + \cdots\cdots$$

それでは、展開すると右辺となる$F_k(x)$を見つけていきます。

さて、ベル数の母関数は「$e^{(e^x-1)}$」でした。

$$e^{(e^x-1)} = B(0) + B(1)\frac{x}{1!} + B(2)\frac{x^2}{2!} + B(3)\frac{x^3}{3!} + \cdots\cdots$$

これは$B(n) = \left\{ {n \atop 1} \right\} + \left\{ {n \atop 2} \right\} + \left\{ {n \atop 3} \right\} + \cdots + \left\{ {n \atop n} \right\}$であることから、次のようになります（$B(0)=1$、$k>n$のとき$\left\{ {n \atop k} \right\}=0$）。

$$e^{(e^x-1)} = 1 + \left\{ {1 \atop 1} \right\}\frac{x}{1!} + \left(\left\{ {2 \atop 1} \right\} + \left\{ {2 \atop 2} \right\}\right)\frac{x^2}{2!} + \left(\left\{ {3 \atop 1} \right\} + \left\{ {3 \atop 2} \right\} + \left\{ {3 \atop 3} \right\}\right)\frac{x^3}{3!} + \cdots\cdots$$

$$= 1 + \left(\left\{ {1 \atop 1} \right\}\frac{x}{1!}x + \left\{ {2 \atop 1} \right\}\frac{x^2}{2!} + \left\{ {3 \atop 1} \right\}\frac{x^3}{3!} + \cdots\cdots\right)$$

$$+ \left(\left\{ {2 \atop 2} \right\}\frac{x^2}{2!} + \left\{ {3 \atop 2} \right\}\frac{x^3}{3!} + \cdots\cdots\right) + \left(\left\{ {3 \atop 3} \right\}\frac{x^3}{3!} + \cdots\cdots\right)$$

$$+ \cdots\cdots\cdots\cdots\cdots\cdots\cdots\cdots$$

$$= 1 + F_1(x) + F_2(x) + F_3(x) + \cdots\cdots$$

つまり、次のようになっています。

$$e^{(e^x-1)} = 1 + F_1(x) + F_2(x) + F_3(x) + \cdots\cdots$$

一方、左辺の「$e^{(e^x-1)}$」は次の通りです。

$$e^{(e^x-1)} = 1 + \frac{1}{1!}(e^x-1) + \frac{1}{2!}(e^x-1)^2 + \frac{1}{3!}(e^x-1)^3 + \cdots$$

そこで、$F_k(x) = \frac{1}{k!}(e^x-1)^k \ (k \geq 1)$ ではないかと見当をつけた上で、（本当にそうなっているか）$\frac{1}{k!}(e^x-1)^k$を見てみることにします。つまり、

$$\frac{1}{k!}(e^x-1)^k = \left\{{0 \atop k}\right\}\frac{1}{0!} + \left\{{1 \atop k}\right\}\frac{x}{1!} + \left\{{2 \atop k}\right\}\frac{x^2}{2!} + \left\{{3 \atop k}\right\}\frac{x^3}{3!} + \cdots\cdots$$

というように、$x^n$ の係数が $\frac{1}{n!}\left\{{n \atop k}\right\}$ となっているかを見てみます。

$$\frac{1}{k!}(e^x-1)^k = \frac{1}{k!}(-1+e^x)^k$$

$$=\frac{1}{k!}\left\{\binom{k}{0}(-1)^k(e^x)^0 + \binom{k}{1}(-1)^{k-1}(e^x)^1 + \binom{k}{2}(-1)^{k-2}(e^x)^2 + \cdots + \binom{k}{k}(-1)^0(e^x)^k\right\}$$

$$=\frac{1}{k!}\left\{\binom{k}{0}(-1)^k + \binom{k}{1}(-1)^{k-1}e^x + \binom{k}{2}(-1)^{k-2}e^{2x} + \cdots + \binom{k}{k}(-1)^0e^{kx}\right\}$$

$$=\frac{1}{k!}\left\{\binom{k}{0}(-1)^k\right.$$
$$+\binom{k}{1}(-1)^{k-1}\left(1+\frac{1}{1!}x+\frac{1}{2!}x^2+\frac{1}{3!}x^3+\cdots\cdots\right)$$
$$+\binom{k}{2}(-1)^{k-2}\left(1+\frac{2}{1!}x+\frac{2^2}{2!}x^2+\frac{2^3}{3!}x^3+\cdots\cdots\right)$$
$$+\cdots\cdots\cdots\cdots\cdots\cdots\cdots\cdots\cdots\cdots\cdots\cdots$$
$$\left.+\binom{k}{k}(-1)^{k-k}\left(1+\frac{k}{1!}x+\frac{k^2}{2!}x^2+\frac{k^3}{3!}x^3+\cdots\cdots\right)\right\}$$

ここで「$x^n$ の係数」を見てみます。

**[定数項]**

$$\frac{1}{k!}\left\{\binom{k}{0}(-1)^{k}+\binom{k}{1}(-1)^{k-1}+\cdots+\binom{k}{k}(-1)^{k-k}\right\}$$

$$=\frac{1}{k!}(-1+1)^{k}=0$$

**[$x^n$の係数]**

$$\frac{1}{k!}\frac{1}{n!}\left\{\binom{k}{1}(-1)^{k-1}1^{n}+\binom{k}{2}(-1)^{k-2}2^{n}+\cdots\right.$$

$$\left.\cdots+\binom{k}{k}(-1)^{k-k}k^{n}\right\}$$

$$=\frac{1}{n!}\frac{1}{k!}\left\{(-1)^{k-1}\binom{k}{1}1^{n}+(-1)^{k-2}\binom{k}{2}2^{n}+\cdots+k^{n}\right\}$$

{ }の中の順序を逆にして、$\binom{k}{r}=\binom{k}{k-r}$を用いると、

$$=\frac{1}{n!}\frac{1}{k!}\left\{k^{n}-\binom{k}{1}(k-1)^{n}+\binom{k}{2}(k-2)^{n}-\binom{k}{3}(k-3)^{n}\right.$$

$$\left.+\cdots\cdots+(-1)^{k-1}\binom{k}{k-1}1^{n}\right\}$$

ここで$p.138$の次の式を用います。

$$\left\{{n \atop k}\right\}=\frac{1}{k!}\left\{k^{n}-\binom{k}{1}(k-1)^{n}+\binom{k}{2}(k-2)^{n}-\binom{k}{3}(k-3)^{n}\right.$$

$$\left.+\cdots\cdots+(-1)^{k-1}\binom{k}{k-1}1^{n}\right\}$$

すると$[x^n$の係数$]$は、確かに$\dfrac{1}{n!}\left\{\begin{matrix} n \\ k \end{matrix}\right\}$となってきますね。

**《第2種スターリング数の母関数》** $(k \geq 1)$

$$\frac{1}{k!}(e^x-1)^k = \left\{\begin{matrix} 0 \\ k \end{matrix}\right\}\frac{1}{0!} + \left\{\begin{matrix} 1 \\ k \end{matrix}\right\}\frac{x}{1!} + \left\{\begin{matrix} 2 \\ k \end{matrix}\right\}\frac{x^2}{2!} + \left\{\begin{matrix} 3 \\ k \end{matrix}\right\}\frac{x^3}{3!} + \cdots\cdots$$

## 第1種スターリング数の「母関数」を求めよう

第1種スターリング数の母関数も求めてみましょう。

第1種スターリング数$\begin{bmatrix} n \\ k \end{bmatrix}$の母関数を$G_k(x)$と置きます。

$$G_k(x) = \begin{bmatrix} 0 \\ k \end{bmatrix}\frac{1}{0!} + \begin{bmatrix} 1 \\ k \end{bmatrix}\frac{x}{1!} + \begin{bmatrix} 2 \\ k \end{bmatrix}\frac{x^2}{2!} + \begin{bmatrix} 3 \\ k \end{bmatrix}\frac{x^3}{3!} + \cdots\cdots$$

$(k>n$では$\begin{bmatrix} n \\ k \end{bmatrix}=0$としたので、$k \geq 1$のとき$\begin{bmatrix} 0 \\ k \end{bmatrix}=0$です。また$0!=1$です。)

それでは、展開すると右辺となる$G_k(x)$を見つけましょう。

まず、第2種スターリング数の三角形の$n$行の和はベル数「$B(n)$」ですが、第1種スターリング数の三角形の$n$行の和は階乗「$n!$」であることに留意します。

第2種スターリング数の母関数$F_k(x)$を求める際には、ベル数「$B(n)$」の母関数に着目しました。

ベル数「$B(n)$」の母関数は「$e^{(e^x-1)}$」で、これから

$$e^{(ex-1)}=1+\frac{1}{1!}(e^x-1)+\frac{1}{2!}(e^x-1)^2+\frac{1}{3!}(e^x-1)^3+\cdots$$

として、$F_k(x)=\frac{1}{k}(e^x-1)^k$ ではないかと見当をつけたのです。

そこで今回も、まずは階乗「$n!$」の母関数「$G(x)$」を求めておきます（$0!=1$、$x^0=1$）。

$$G(x)=0!\frac{x^0}{0!}+1!\frac{x^1}{1!}+2!\frac{x^2}{2!}+3!\frac{x^3}{3!}+\cdots\cdots$$

$$=1+x+x^2+x^3+\cdots\cdots$$

$$=\frac{1}{1-x}$$

$$=e^{\log\frac{1}{1-x}}=e^{\log(1-x)^{-1}}=e^{-\log(1-x)}$$

**《階乗「$n!$」の母関数》**

$$e^{-\log(1-x)}\left(=\frac{1}{1-x}\right)=0!\frac{x^0}{0!}+1!\frac{x^1}{1!}+2!\frac{x^2}{2!}+3!\frac{x^3}{3!}+\cdots\cdots$$

この階乗「$n!$」の母関数「$e^{-\log(1-x)}$」を

$$e^{-\log(1-x)}=1+\frac{1}{1!}(-\log(1-x))+\frac{1}{2!}(-\log(1-x))^2$$
$$+\frac{1}{3!}(-\log(1-x))^3+\cdots\cdots$$

として、今回も $G_k(x)=\frac{1}{k!}(-\log(1-x))^k\quad(k\geq1)$ ではないか

と見当をつけます。

さらに今回も（本当にそうなっているか）$\frac{1}{k!}(-\log(1-x))^k$ を見ていきましょう。つまり

$$\frac{1}{k!}(-\log(1-x))^k = \begin{bmatrix} 0 \\ k \end{bmatrix} \frac{1}{0!} + \begin{bmatrix} 1 \\ k \end{bmatrix} \frac{x}{1!} + \begin{bmatrix} 2 \\ k \end{bmatrix} \frac{x^2}{2!} + \begin{bmatrix} 3 \\ k \end{bmatrix} \frac{x^3}{3!} + \cdots$$

というように、（本当に）$x^n$ の係数が $\frac{1}{n!}\begin{bmatrix} n \\ k \end{bmatrix}$ となっているかを確認するのです（今回の議論は、少々回りくどくなります）。

まずは、次のように置きます。

$$\frac{1}{k!}(-\log(1-x))^k$$
$$= a_k(0)\frac{1}{0!} + a_k(1)\frac{x}{1!} + a_k(2)\frac{x^2}{2!} + a_k(3)\frac{x^3}{3!} + \cdots\cdots$$

問題は、はたして $a_k(n) = \begin{bmatrix} n \\ k \end{bmatrix}$ となっているかどうかです。

最初に、それぞれの定数項を見ておきます。つまり、$n=0$ のとき、$a_k(0) = \begin{bmatrix} 0 \\ k \end{bmatrix}$ かどうかを確認しておきます。

まず $\begin{bmatrix} 0 \\ k \end{bmatrix} = 0$ です。

一方 $a_k(0)$ の値を求めるため、上の式で $x=0$ としてみます。すると左辺は $\frac{1}{k!}(-\log(1-0))^k = 0\ (k \geq 1)$、右辺は $a_k(0)\frac{1}{0!} = a_k(0)$

なので、$0=a_k(0)$です。

これで$n=0$のとき、$a_k(0)=\begin{bmatrix}0\\k\end{bmatrix}$を確認しました(どちらも0なので、最初からなくてもよかったということです)。

それでは、いよいよ(初期値の)$n=1$のとき、$a_k(1)=\begin{bmatrix}1\\k\end{bmatrix}$かどうかを見ていきます。

ちなみに$k=1$では$\begin{bmatrix}1\\1\end{bmatrix}=1$、$1<k$では$\begin{bmatrix}1\\k\end{bmatrix}=0$です。

これらは、(下に見るように)第1種スターリングの三角形の($n=1$の)1行目です。

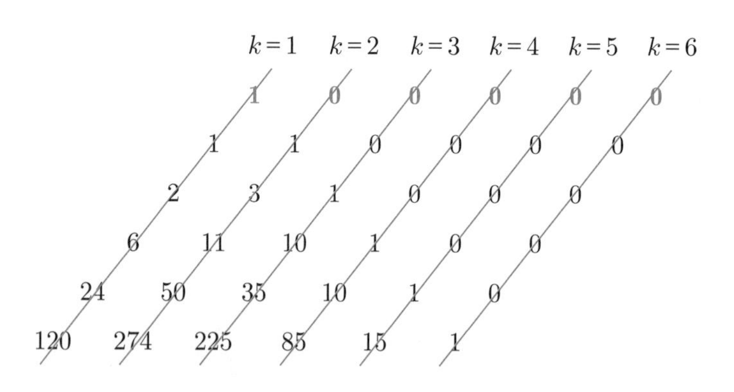


いよいよ$a_k(1)$ $(k\geq1)$の値を見ていきます。

はたして($n=1$の上記1行目と一致して)$k=1$では$a_k(1)=1$、$1<k$では$a_k(1)=0$となっているのでしょうか。

まずは、$k=1$のときを見てみます。

$$\frac{1}{1!}(-\log(1-x))^1 = -\log(1-x)$$
$$= \boxed{\frac{x}{1}} + \frac{x^2}{2} + \frac{x^3}{3} + \cdots\cdots$$
$$\left( = a_1(0)\frac{1}{0!} + \boxed{a_1(1)\frac{x}{1!}} + a_1(2)\frac{x^2}{2!} + a_1(3)\frac{x^3}{3!} + \cdots\cdots \right)$$

これより、$k=1$のとき$a_k(1)=1$です。

次に$1<k$のときですが、これは$p.145$枠の中の「両辺」を微分して$x=0$とします。すると「右辺」は$a_k(1)$となります。「左辺」は微分すると、次の通りです。

$$\frac{k}{k!}(-\log(1-x))^{k-1}\left(-\frac{-1}{1-x}\right)$$

上記で$x=0$とすると「左辺」は$0$となり、$1<k$では$0=a_k(1)$です。

これで$n=1$のとき、($k=1$でも$1<k$でも)$a_k(1)=\begin{bmatrix}1\\k\end{bmatrix}$と判明しました。

いよいよ$a_k(n)$の漸化式を出していきます。もちろん$\begin{bmatrix}n\\k\end{bmatrix}$の漸化式と一致するかどうかを見ていくのです。しかも、すでに初期値は一致する、つまり$a_k(1)=\begin{bmatrix}1\\k\end{bmatrix}$は確認しました。

さて、$p.145$の式の「両辺」を微分すると、次の通りです。

$$\frac{k}{k!}(-\log(1-x))^{k-1}\left(-\frac{-1}{1-x}\right)$$
$$= a_k(1)\frac{1}{1!} + a_k(2)\frac{2x}{2!} + a_k(3)\frac{3x^2}{3!} + \cdots\cdots$$

この「両辺」に$(1-x)$をかけると、次のようになります。

$$\frac{1}{(k-1)\,!}\,(-\log(1-x))^{k-1}$$

$$=(1-x)\left(a_k(1)+a_k(2)\frac{x}{1!}+a_k(3)\frac{x^2}{2!}+\cdots\cdots\right)$$

この「左辺」は、うまい具合に$(k-1)$の場合となっているので、次の通りです。

$$a_{k-1}(0)\frac{1}{0!}+a_{k-1}(1)\frac{x}{1!}+a_{k-1}(2)\frac{x^2}{2!}+a_{k-1}(3)\frac{x^3}{3!}+\cdots\cdots$$

「右辺」は、展開すると次のようになります。

$$\left(a_k(1)+a_k(2)\frac{x}{1!}+a_k(3)\frac{x^2}{2!}+\cdots\cdots\right)$$

$$-\left(a_k(1)\,x+a_k(2)\frac{x^2}{1!}+a_k(3)\frac{x^3}{2!}+\cdots\cdots\right)$$

この後の方の(　)を移項すると、一番上の式は次になります。

$$\left(a_{k-1}(0)\frac{1}{0!}+a_{k-1}(1)\frac{x}{1!}+a_{k-1}(2)\frac{x^2}{2!}+a_{k-1}(3)\frac{x^3}{3!}+\cdots\cdots\right)$$

$$+\left(a_k(1)\,x\quad+a_k(2)\frac{x^2}{1!}\quad+a_k(3)\frac{x^3}{2!}+\cdots\cdots\right)$$

$$=\quad a_k(1)\quad+a_k(2)\frac{x}{1!}\quad+a_k(3)\frac{x^2}{2!}\quad+a_k(4)\frac{x^3}{3!}+\cdots\cdots$$

この両辺の「$x^n$の係数」を比べると、次が出てきます。

$$a_{k-1}(n)\frac{1}{n!}+a_k(n)\ \frac{1}{(n-1)\,!}=a_k(n+1)\frac{1}{n!}$$

この両辺に$n!$をかけます。

$$a_{k-1}(n)+na_k(n)=a_k(n+1)$$

さらに両辺を入れかえます。

$$a_k(n+1)=a_{k-1}(n)+na_k(n)$$

ちなみに第1種スターリング数の漸化式は、次の通りです。

$$\begin{bmatrix} n+1 \\ k \end{bmatrix}=\begin{bmatrix} n \\ k-1 \end{bmatrix}+n\begin{bmatrix} n \\ k \end{bmatrix}$$

$a_k(n)$も$\begin{bmatrix} n \\ k \end{bmatrix}$も同じ漸化式から出てくる数で、しかも$p.147$で見てきたように、$(n=1$の$)$ 1行目は$a_k(1)=\begin{bmatrix} 1 \\ k \end{bmatrix}$なのです。

以上から、$a_k(n)$は第1種スターリング数$\begin{bmatrix} n \\ k \end{bmatrix}$と一致することが判明しました。

**《第1種スターリング数の母関数》**

$$\frac{1}{k!}(-\log(1-x))^k=\begin{bmatrix} 0 \\ k \end{bmatrix}\frac{1}{0!}+\begin{bmatrix} 1 \\ k \end{bmatrix}\frac{x}{1!}+\begin{bmatrix} 2 \\ k \end{bmatrix}\frac{x^2}{2!}+\cdots\cdots$$

# ベルヌーイ数と「べき乗和の公式」

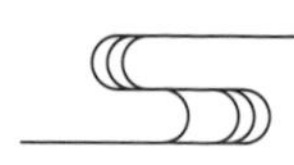

高校で、次のような公式を学びましたね（$k^0=1$）。

《べき乗和の公式》

$$S_0(n)=1^0+2^0+3^0+\cdots\cdots+n^0=n$$

$$S_1(n)=1^1+2^1+3^1+\cdots\cdots+n^1=\frac{1}{2}n(n+1)$$

$$S_2(n)=1^2+2^2+3^2+\cdots\cdots+n^2=\frac{1}{6}n(n+1)(2n+1)$$

$$S_3(n)=1^3+2^3+3^3+\cdots\cdots+n^3=\frac{1}{4}n^2(n+1)^2$$

右辺を展開すると、次の通りです。

$$S_0(n)=n=1n$$

$$S_1(n)=\frac{1}{2}n(n+1)=\frac{1}{2}n^2+\frac{1}{2}n$$

$$S_2(n)=\frac{1}{6}n(n+1)(2n+1)=\frac{1}{3}n^3+\frac{1}{2}n^2+\frac{1}{6}n$$

$$S_3(n)=\frac{1}{4}n^2(n+1)^2=\frac{1}{4}n^4+\frac{1}{2}n^3+\frac{1}{4}n^2+0n$$

「$n$の係数」1、$\frac{1}{2}$、$\frac{1}{6}$、0、… には見覚えがありますね。

$p.119$で見てきたベルヌーイ数「$B_0$、$B_1$、$B_2$、$B_3$、…」です。
ベルヌーイ数は、元々この「$n$の係数」として登場した数です。

$$B_0 = 1、B_1 = \frac{1}{2}、B_2 = \frac{1}{6}、B_3 = 0、\cdots$$

この（$B_1 = \frac{1}{2}$の）ベルヌーイ数を用いると、$S_0(n)$、$S_1(n)$、…は、次のように表されます（展開して確かめてみましょう）。

$$S_0(n) = \frac{1}{1}(1 \cdot 1n)$$

$$S_1(n) = \frac{1}{2}\left(1 \cdot 1n^2 + 2 \cdot \frac{1}{2}n\right)$$

$$S_2(n) = \frac{1}{3}\left(1 \cdot 1n^3 + 3 \cdot \frac{1}{2}n^2 + 3 \cdot \frac{1}{6}n\right)$$

$$S_3(n) = \frac{1}{4}\left(1 \cdot 1n^4 + 4 \cdot \frac{1}{2}n^3 + 6 \cdot \frac{1}{6}n^2 + 4 \cdot 0n\right)$$

「$n$の係数」だけでなく、「その他の係数」も、ベルヌーイ数と二項係数（を並べたパスカルの三角形の右端を除いたもの）を用いて表されていますね。〈参考文献［6］〉

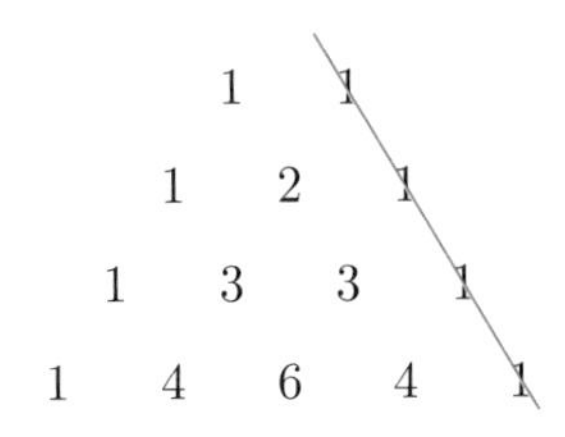

ヤコブ・ベルヌーイは著書『*Ars Conjectandi*（予測術）』に、（ベルヌーイ数と二項係数を用いた）「べき乗和の公式」を「10乗」まで載せました。

さらに「$1^{10}+2^{10}+3^{10}+\cdots\cdots+1000^{10}$」を計算するのに、「4分の1時間の半分」もかからなかったと記したというのです。ベルヌーイにしてみれば、自慢ではなく、この公式の便利さをアピールしたかったのでしょう。

それにしても「4分の1時間の半分」というと、「15分の半分」で「7分30秒」です。もちろん電卓など存在しなかった時代の話です。

それでは、まずは「10乗」の「べき乗和の公式」を求めておきましょう。

$p.119$の（$B_1=\frac{1}{2}$の）漸化式からベルヌーイ数を求めると、次の通りです。

$$
\begin{array}{llll}
B_0=1 & , \; B_1=\frac{1}{2} & , \; B_2=\frac{1}{6} & , \; B_3=0 \\
B_4=-\frac{1}{30} & , \; B_5=0 & , \; B_6=\frac{1}{42} & , \; B_7=0 \\
B_8=-\frac{1}{30} & , \; B_9=0 & , \; B_{10}=\frac{5}{66} & , \; B_{11}=0
\end{array}
$$

$S_{10}(n)=1^{10}+2^{10}+3^{10}+\cdots\cdots+n^{10}$は、ベルヌーイ数と二項係数を用いて、次のように表されます。

$$S_{10}(n)=\frac{1}{11}\left[\binom{11}{0}B_0n^{11}+\binom{11}{1}B_1n^{10}+\binom{11}{2}B_2n^9+\cdots\cdots+\binom{11}{10}B_{10}n\right]$$

ここで$B_3=B_5=B_7=B_9=0$を代入すると、次の通りです。

$$S_{10}(n)=\frac{1}{11}\left[\binom{11}{0}B_0n^{11}+\binom{11}{1}B_1n^{10}+\binom{11}{2}B_2n^9+\binom{11}{4}B_4n^7+\binom{11}{6}B_6n^5+\binom{11}{8}B_8n^3+\binom{11}{10}B_{10}n\right]$$

$$=\frac{1}{11}\left[1n^{11}+11\cdot\frac{1}{2}n^{10}+55\cdot\frac{1}{6}n^9+330\cdot\frac{-1}{30}n^7+462\cdot\frac{1}{42}n^5+165\cdot\frac{-1}{30}n^3+11\cdot\frac{5}{66}n\right]$$

$$=\frac{1}{11}n^{11}+\frac{1}{2}n^{10}+5\cdot\frac{1}{6}n^9+30\cdot\frac{-1}{30}n^7+42\cdot\frac{1}{42}n^5+15\cdot\frac{-1}{30}n^3+\frac{5}{66}n$$

$$=\frac{1}{11}n^{11}+\frac{1}{2}n^{10}+\frac{5}{6}n^9-n^7+n^5-\frac{1}{2}n^3+\frac{5}{66}n$$

これで、「10乗」の「べき乗和の公式」が求まりました。

$$S_{10}(n)=\frac{1}{11}n^{11}+\frac{1}{2}n^{10}+\frac{5}{6}n^9-n^7+n^5-\frac{1}{2}n^3+\frac{5}{66}n$$

いよいよこの式に、$n=1000$を代入して計算してみましょう。はたして（手計算で）何分で求められるでしょうか。

ちなみに結果は次の通りです。

$$S_{10}(1000)=91409924241424243424241924242500$$

正直なところ、電卓もコンピュータも使わずに（手計算で）求めるとなると、公式の便利さを実感するどころの話ではありませんよね。ヤコブ・ベルヌーイの「7分30秒」は、驚異のスピードといえそうです。

5章

# スターリングにとっては同一種

$n$が正の整数のとき、$(1+x)^n$を展開すると二項係数が出てきます。それでは$(1+x)^{-n}$を展開すると、何が出てくるのでしょうか。第1種・第2種スターリング数ではどうでしょうか。パスカルの三角形と第1種・第2種スターリング数の三角形では、「対称性の有無」にちがいが見られますね。

## 「パスカルの三角形」をさかのぼろう(1)

スターリング数の前に、まずは二項係数を見ていきましょう。

さて、二項係数からなるパスカルの三角形は、左詰めにすると次のようなものです。ちなみに左端は0列目です。

| | | | | | | |
|---|---|---|---|---|---|---|
| 0行 | 1 | | | | | |
| 1行 | 1 | 1 | | | | |
| 2行 | 1 | 2 | 1 | | | |
| 3行 | 1 | 3 | 3 | 1 | | |
| 4行 | 1 | 4 | 6 | 4 | 1 | |
| 5行 | 1 | 5 | 10 | 10 | 5 | 1 |

左詰めとしたことで、これまで「左上」と「右上」の和だったのが、今後は「左上」と「上」の和となってきます。

それでは、(上記の)「0行」から上にある「マイナス行」はどうなってくるのでしょうか。「逆」にたどって見ていきましょう。

まずは「−1行」を見てみます。ちなみに空白は0でしたが、下記では0と明記しています(青字の0は−1列目です)。

| | | | | | | | | | |
|---|---|---|---|---|---|---|---|---|---|
| −1行 | …… | 0 | $a_0$ | $a_1$ | $a_2$ | $a_3$ | $a_4$ | $a_5$ | …… |
| 0行 | …… | 0 | 1 | 0 | 0 | 0 | 0 | 0 | …… |
| 1行 | …… | 0 | 1 | 1 | 0 | 0 | 0 | 0 | …… |
| 2行 | …… | 0 | 1 | 2 | 1 | 0 | 0 | 0 | …… |
| 3行 | …… | 0 | 1 | 3 | 3 | 1 | 0 | 0 | …… |

$a_{-1}=0$(−1列目を0)として、マイナス行も計算規則はこれまで通りとします。例えば「0行」は「−1行」の「左上」と「上」の和というように、同じ漸化式が成り立つとします。

それでは「−1行」から「0行」が出てきたとして見ていきます。

まず$0+a_0=1$より$a_0=1$です。

次に$a_0+a_1=0$つまり$1+a_1=0$より$a_1=-1$です。

さらに$a_1+a_2=0$つまり$-1+a_2=0$より$a_2=1$です。

$a_2=1$は$a_0=1$と同じになりましたね。しかも、「0行」はこの先も0が続くことから、同じ繰り返しとなってきます。

結局「−1行」は次のようになります(青字の0は−1列目)。

| | | | | | | | | | |
|---|---|---|---|---|---|---|---|---|---|
| −1行 | …… | 0 | 1 | −1 | 1 | −1 | 1 | −1 | …… |

**問** 「−2行」を($a_5$まで)求めましょう。

| | | | | | | | | | |
|---|---|---|---|---|---|---|---|---|---|
| −2行 | …… | 0 | $a_0$ | $a_1$ | $a_2$ | $a_3$ | $a_4$ | $a_5$ | …… |
| −1行 | …… | 0 | 1 | −1 | 1 | −1 | 1 | −1 | …… |

それでは、「−1行」になるように、「−2行」を出していきます。

$$0+a_0=1 \Rightarrow a_0=\boxed{1}$$
$$a_0+a_1=-1 \Rightarrow 1+a_1=-1 \Rightarrow a_1=\boxed{-2}$$
$$a_1+a_2=1 \Rightarrow -2+a_2=1 \Rightarrow a_2=\boxed{3}$$
$$a_2+a_3=-1 \Rightarrow 3+a_3=-1 \Rightarrow a_3=\boxed{-4}$$
$$a_3+a_4=1 \Rightarrow -4+a_4=1 \Rightarrow a_4=\boxed{5}$$
$$a_4+a_5=-1 \Rightarrow 5+a_5=-1 \Rightarrow a_5=\boxed{-6}$$

「−2行」は次の通りです(青字の0は−1列目)。

| | | | | | | | | | |
|---|---|---|---|---|---|---|---|---|---|
| −2行 | …… | 0 | 1 | −2 | 3 | −4 | 5 | −6 | …… |

同様にして、「−3行」は次の通りです(青字の0は−1列目)。

| | | | | | | | | | |
|---|---|---|---|---|---|---|---|---|---|
| −3行 | …… | 0 | 1 | −3 | 6 | −10 | 15 | −21 | …… |

## 「マイナス行」を「二項係数」で表そう

それでは、「マイナス行」と「プラス行」を見比べてみましょう。

| | | | | | | | |
|---|---|---|---|---|---|---|---|
| −3行 | 1 | −3 | 6 | −10 | 15 | −21 | …… |
| −2行 | 1 | −2 | 3 | −4 | 5 | −6 | …… |
| −1行 | 1 | −1 | 1 | −1 | 1 | −1 | …… |
| 0行 | 1 | | | | | | |
| 1行 | 1 | 1 | | | | | |
| 2行 | 1 | 2 | 1 | | | | |
| 3行 | 1 | 3 | 3 | 1 | | | |
| 4行 | 1 | 4 | 6 | 4 | 1 | | |
| 5行 | 1 | 5 | 10 | 10 | 5 | 1 | |

どうも「$-n$行」(の絶対値)は、「$(n-1)$行0列目」「$n$行1列目」「$(n+1)$行2列目」「$(n+2)$行3列目」…の数が並んでいますね。

$$-n\text{行}\mid \binom{n-1}{0}、\ -\binom{n}{1}、\ \binom{n+1}{2}、-\binom{n+2}{3}、\cdots\cdots$$

つまり「$-n$行$r$列」は$(-1)^r\binom{n-1+r}{r}$となっていそうです。

それでは「$-n$行$r$列」を$(-1)^r\binom{n-1+r}{r}$としたとき、これらは「左上」と「上」の和となっているのでしょうか。つまり、次を満たすのでしょうか。ここで $-n=-(n-1)-1$ です。

「$-n$行$(r-1)$列」+「$-n$行$r$列」=「$-(n-1)$行$r$列」

こうなっていれば、「$-n$行」は（拡張の仕方から）上記の通りだといえるのです。

**問** 次を確認しましょう。

$$(-1)^{r-1}\binom{n-1+r-1}{r-1}+(-1)^{r}\binom{n-1+r}{r}$$
$$=(-1)^{r}\binom{(n-1)-1+r}{r}$$

二項係数の漸化式は、次の通りでした。

$$\binom{m}{k}=\binom{m-1}{k-1}+\binom{m-1}{k}$$

移項すると、次になります。

$$-\binom{m-1}{k-1}+\binom{m}{k}=\binom{m-1}{k}$$

ここで$m=n-1+r$、$k=r$とすると、次が出てきます。

$$-\binom{n-1+r-1}{r-1}+\binom{n-1+r}{r}=\binom{n-1+r-1}{r}$$

この両辺に$(-1)^r$をかけます。

$$(-1)^{r+1}\binom{n-1+r-1}{r-1}+(-1)^{r}\binom{n-1+r}{r}$$
$$=(-1)^{r}\binom{(n-1)-1+r}{r}$$

ここで$(-1)^{r+1}=(-1)^{r-1}$なので、求める式が出てきました。

《マイナス行の一般項》

「$-1$列目を0」としたときのパスカルの三角形において

「$-n$行$r$列」($n\geqq 1$、$r\geqq 0$) は $(-1)^{r}\binom{n-1+r}{r}$

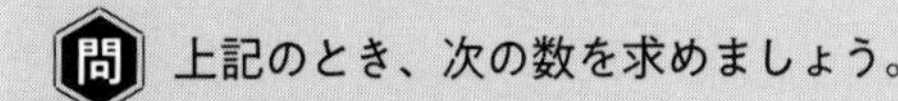

問 上記のとき、次の数を求めましょう。

(1) −2行3列目　　(2) −3行4列目

*p.*158(0は−1列目)を見ると、(1) $\boxed{-4}$ (2) $\boxed{15}$ です。

ここでは、上の式から求めてみましょう。

(1) $n=2$、$r=3$を代入すると、

$$(-1)^{3}\binom{2-1+3}{3}=-\binom{4}{3}=-\binom{4}{1}=\boxed{-4}$$

(2) $n=3$、$r=4$を代入すると、

$$(-1)^{4}\binom{3-1+4}{4}=\binom{6}{4}=\binom{6}{2}=\frac{6\cdot 5}{2\cdot 1}=\boxed{15}$$

## 「マイナス行」に現れた「重複組合せ」とは…

「$-n$行$r$列」は$(-1)^r\binom{n-1+r}{r}$です。このマイナスを取った(絶対値の)$\binom{n-1+r}{r}$は「場合の数」で見かけましたね。

$\binom{n}{r}$と$\binom{n-1+r}{r}$はどちらも二項係数で表されていますが、「場合の数」では全く異なる概念です。

$\binom{n}{r}$は${}_n\mathrm{C}_r$とも記され、相異なる$n$個のものから$r$個取り出す組合せの数です。

$\binom{n-1+r}{r}$は${}_n\mathrm{H}_r$とも記され、相異なる$n$個のものから重複(同じものを繰り返し取り出すこと)を許して、$r$個取り出す重複組合せの数です。

ちなみに重複組合せが$\binom{n-1+r}{r}$となることは、次のようにして分かります。

例えば、${}_5\mathrm{H}_3$を求めるとします。

相異なる5個の$a$、$b$、$c$、$d$、$e$から、重複を許して3個取り出します。

まずは、この5個に「1、2、3、4、5」を対応させておきます(アルファベット順である必要はなく、何にどの数を対応させるかは任意です。リンゴは1、ミカンは2のように……)。

$a \Leftrightarrow 1$、$b \Leftrightarrow 2$、$c \Leftrightarrow 3$、$d \Leftrightarrow 4$、$e \Leftrightarrow 5$

3個取り出すのですが、取り出し方であって並べ方ではないため、取り出したら対応する番号の小さい順に、例えば次のように並べておきます。

($a$、$b$、$a$)→($a$、$a$、$b$)　、($c$、$b$、$b$)→($b$、$b$、$c$)

これらの結果を「1、2、3、4、5」に置きかえ、さらに順に「0、1、2」を加えます。すると次のようになります。

($a$、$a$、$a$)　⇔　(1、1、1)　⇒　(1、2、3)
($a$、$a$、$b$)　⇔　(1、1、2)　⇒　(1、2、4)
……………………………………
($d$、$e$、$e$)　⇔　(4、5、5)　⇒　(4、6、7)
($e$、$e$、$e$)　⇔　(5、5、5)　⇒　(5、6、7)

この対応は可逆です。右から左へ戻れるのです。

例えば右が(2、5、6)なら、真ん中は順に「0、1、2」を引いて(2、4、4)と求まり、左は($b$、$d$、$d$)と判明します。

つまり左と右は1対1に対応しており、同数だけあります。ところが右は、相異なる7個の「1、2、3、4、5、6、7」から(重複を許さずに)3個取り出す${}_7C_3$だけあるのです。ここで7は、「1、2、3、4、5」と「0、1、2」の「5と2」を加えた数です。

一般には、$n$個の「1、2、…、$n$」から、取り出す$r$個の「0、1、2、…、$(r-1)$」の「$n$と$(r-1)$」を加えた$n+(r-1)=n-1+r$となります。

《重複組合せ ${}_n\mathrm{H}_r$》

$$ {}_n\mathrm{H}_r = {}_{n-1+r}\mathrm{C}_r = \binom{n-1+r}{r} $$

## $(1+x)^{-n}$の展開に着目しよう(1)

二項係数 $\binom{n}{r}$ は、(展開した)「$(1+x)^n$の係数」に現れます。

| | | | | | | |
|---|---|---|---|---|---|---|
| 0行 | 1 | | | | | $(1+x)^0=1$ |
| 1行 | 1 | 1 | | | | $(1+x)^1=1+1x$ |
| 2行 | 1 | 2 | 1 | | ➡ | $(1+x)^2=1+2x+1x^2$ |
| 3行 | 1 | 3 | 3 | 1 | | $(1+x)^3=1+3x+3x^2+1x^3$ |

《$(1+x)^n$の展開(二項定理)》 ($n$は0や正の整数)

$$ (1+x)^n = \binom{n}{0} + \binom{n}{1}x + \binom{n}{2}x^2 + \cdots + \binom{n}{n}x^n $$

それでは「マイナス行」の $(-1)^r\binom{n-1+r}{r}$ は、「何の係数」に現れるのでしょうか。

| | | | | | | | |
|---|---|---|---|---|---|---|---|
| −3行 | 1 | −3 | 6 | −10 | 15 | −21 | …… |
| −2行 | 1 | −2 | 3 | −4 | 5 | −6 | …… ➡ |
| −1行 | 1 | −1 | 1 | −1 | 1 | −1 | …… |

「$-1$行」を係数とする「$1-1x+1x^2-1x^3+1x^4-1x^5+\cdots\cdots$」は、（$|x|<1$で収束する）無限等比級数ですね。

$$(1+x)^{-1}=\frac{1}{(1+x)^1}=1-1x+1x^2-1x^3+\cdots\cdots$$

こうなると、次のようになるのではないかと推測されます。

$$(1+x)^{-3}=1-3x+6x^2-10x^3+15x^4-21x^5+\cdots\cdots$$
$$(1+x)^{-2}=1-2x+3x^2-4x^3+5x^4-6x^5+\cdots\cdots$$
$$(1+x)^{-1}=1-1x+1x^2-1x^3+1x^4-1x^5+\cdots\cdots$$

それでは、このことを確かめていきましょう。

**問** (1) ⇒ (2) ⇒ (3) という順で、次を求めましょう。

(1) $(1+x)(1-1x+1x^2-1x^3+1x^4-1x^5+\cdots)$

(2) $(1+x)(1-2x+3x^2-4x^3+5x^4-6x^5+\cdots)$

(3) $(1+x)(1-3x+6x^2-10x^3+15x^4-21x^5+\cdots)$

(1) $(1+x)(1-1x+1x^2-1x^3+1x^4-1x^5+\cdots)$

$$\begin{aligned}&=1-1x+1x^2-1x^3+1x^4-1x^5+\cdots\\&\quad+1x-1x^2+1x^3-1x^4+1x^5-\cdots\\&=\boxed{1}\end{aligned}$$

この両辺を $(1+x)$ で割ると、次の通りです。

$$1-1x+1x^2-1x^3+1x^4-1x^5+\cdots=\frac{1}{(1+x)}=(1+x)^{-1}$$

(2) $(1+x)(1-2x+3x^2-4x^3+5x^4-6x^5+\cdots)$

$$\begin{aligned}&=1-2x+3x^2-4x^3+5x^4-6x^5+\cdots\\&\quad+1x-2x^2+3x^3-4x^4+5x^5-\cdots\\&=1-1x+1x^2-1x^3+1x^4-1x^5+\cdots\\&=\boxed{\frac{1}{(1+x)}}\quad((1)\text{より})\end{aligned}$$

この両辺も $(1+x)$ で割ると、次が出てきます。

$$1-2x+3x^2-4x^3+5x^4-6x^5+\cdots=(1+x)^{-2}$$

(3)も同様にして $\boxed{\dfrac{1}{(1+x)^2}}$ となり、これからは次が出てきます。

$$1-3x+6x^2-10x^3+15x^4-21x^5+\cdots=(1+x)^{-3}$$

この先も、「$-n$行$(r-1)$列」+「$-n$行$r$列」=「$-(n-1)$行$r$列」となっていることから、順に次が出てきます。

**《$(1+x)^{-n}$の展開**（二項級数定理）》（$-n$は負の整数、$|x|<1$）

$$(1+x)^{-n}=\binom{n-1}{0}-\binom{n-1+1}{1}x+\binom{n-1+2}{2}x^2-\cdots$$
$$\cdots\cdots+(-1)^r\binom{n-1+r}{r}x^r+\cdots\cdots$$
$$=1-nx+\frac{(n+1)n}{2\cdot 1}x^2-\frac{(n+2)(n+1)n}{3\cdot 2\cdot 1}x^3+\cdots$$
$$\cdots\cdots+(-1)^r\frac{(n-1+r)!}{r!(n-1)!}x^r+\cdots\cdots$$

## 「パスカルの三角形」をさかのぼろう（2）

前提が変わると、通常は結果も変わってくるものです。

| | | | | | | | | | |
|---|---|---|---|---|---|---|---|---|---|
| $-1$行 | …… | 1 | $a_0$ | $a_1$ | $a_2$ | $a_3$ | $a_4$ | $a_5$ | …… |
| 0行 | …… | 0 | 1 | 0 | 0 | 0 | 0 | 0 | …… |
| 1行 | …… | 0 | 1 | 1 | 0 | 0 | 0 | 0 | …… |
| 2行 | …… | 0 | 1 | 2 | 1 | 0 | 0 | 0 | …… |
| 3行 | …… | 0 | 1 | 3 | 3 | 1 | 0 | 0 | …… |

先ほどは、マイナス行も$a_{-1}=0$（$-1$列目を0）としました。今回は、1を順にずらすことにします。さて、どうなるでしょうか。

それでは「$-1$行」を見ていきます。

まず $1+a_0=1$ より $a_0=0$ です。

次に $a_0+a_1=0$ つまり $0+a_1=0$ より $a_1=0$ です。

さらに $a_1+a_2=0$ つまり $0+a_2=0$ より $a_2=0$ です。

この先も同じようにして、$a_3=a_4=a_5=\cdots\cdots=0$ です。

| −1行 | …… | 1 | 0 | 0 | 0 | 0 | 0 | 0 | …… |
|---|---|---|---|---|---|---|---|---|---|

1の右側はずっと0です。では、左側はどうでしょうか。

**問** 「−1行」を($a_{-6}$まで) 求めましょう。

| | | | | | | | | | | |
|---|---|---|---|---|---|---|---|---|---|---|
| −1行 | … | $a_{-6}$ | $a_{-5}$ | $a_{-4}$ | $a_{-3}$ | $a_{-2}$ | 1 | 0 | 0 | … |
| 0行 | … | 0 | 0 | 0 | 0 | 0 | 0 | 1 | 0 | … |

$$a_{-2}+1=0 \Rightarrow a_{-2}=\boxed{-1}$$

$$a_{-3}+a_{-2}=0 \Rightarrow a_{-3}+(-1)=0 \Rightarrow a_{-3}=\boxed{1}$$

$$a_{-4}+a_{-3}=0 \Rightarrow a_{-4}+1=0 \Rightarrow a_{-4}=\boxed{-1}$$

$$a_{-5}+a_{-4}=0 \Rightarrow a_{-5}+(-1)=0 \Rightarrow a_{-5}=\boxed{1}$$

$$a_{-6}+a_{-5}=0 \Rightarrow a_{-6}+1=0 \Rightarrow a_{-6}=\boxed{-1}$$

この先も同じ繰り返しとなり、「−1行」は次の通りです(青字の1は−1列目)。

| −1行 | … | −1 | 1 | −1 | 1 | −1 | 1 | 0 | 0 | 0 | … |
|---|---|---|---|---|---|---|---|---|---|---|---|

ちなみに「$-2$行」「$-3$行」…も、(1を順にずらしていくと)1の右側はずっと0となります。問題は、左側がどうなるかです。

**問**「$-2$行」を($a_{-7}$まで)求めましょう。

| | | | | | | | | | |
|---|---|---|---|---|---|---|---|---|---|
| $-2$行 | … | $a_{-7}$ | $a_{-6}$ | $a_{-5}$ | $a_{-4}$ | $a_{-3}$ | 1 | 0 | 0 | … |
| $-1$行 | … | 1 | $-1$ | 1 | $-1$ | 1 | $-1$ | 1 | 0 | … |

$$a_{-3}+1=-1 \Rightarrow a_{-3}=\boxed{-2}$$
$$a_{-4}+a_{-3}=1 \Rightarrow a_{-4}+(-2)=1 \Rightarrow a_{-4}=\boxed{3}$$
$$a_{-5}+a_{-4}=-1 \Rightarrow a_{-5}+3=-1 \Rightarrow a_{-5}=\boxed{-4}$$
$$a_{-6}+a_{-5}=1 \Rightarrow a_{-6}+(-4)=1 \Rightarrow a_{-6}=\boxed{5}$$
$$a_{-7}+a_{-6}=-1 \Rightarrow a_{-7}+5=-1 \Rightarrow a_{-7}=\boxed{-6}$$

「$-2$行」は次の通りです(青字の1は$-2$列目)。

$-2$行 ｜ … $-6$ 5 $-4$ 3 $-2$ 1 0 0 …

同様にして、「$-3$行」は次の通りです(青字の1は$-3$列目)。

$-3$行 ｜ … 15 $-10$ 6 $-3$ 1 0 0 0 …

（1を順にずらした）ここまでを並べてみると、次の通りです。

| | … | $a_{-7}$ | $a_{-6}$ | $a_{-5}$ | $a_{-4}$ | $a_{-3}$ | $a_{-2}$ | $a_{-1}$ | $a_0$ | … |
|---|---|---|---|---|---|---|---|---|---|---|
| −3行 | … | 15 | −10 | 6 | −3 | 1 | 0 | 0 | 0 | … |
| −2行 | … | −6 | 5 | −4 | 3 | −2 | 1 | 0 | 0 | … |
| −1行 | … | 1 | −1 | 1 | −1 | 1 | −1 | 1 | 0 | … |
| 0行 | … | 0 | 0 | 0 | 0 | 0 | 0 | 0 | 1 | … |

一方で、（$a_{-1}=0$とした）$p.159$では、$a_0=1$となり次の通りでした。

| | … | $a_{-1}$ | $a_0$ | $a_1$ | $a_2$ | $a_3$ | $a_4$ | $a_5$ | … |
|---|---|---|---|---|---|---|---|---|---|
| −3行 | … | 0 | 1 | −3 | 6 | −10 | 15 | −21 | … |
| −2行 | … | 0 | 1 | −2 | 3 | −4 | 5 | −6 | … |
| −1行 | … | 0 | 1 | −1 | 1 | −1 | 1 | −1 | … |
| 0行 | … | 0 | 1 | 0 | 0 | 0 | 0 | 0 | … |

上の2つは、（0を無視すると）ちょうど1で左右対称ですね。「−1行」だけ確認しておけば、例えば「−2行」の$a_{-4}+(-2)=1$が$(-2)+a_2=1$に対応し、$a_{-4}$も$a_2$も同じ計算規則で出てくることから、（1のところから）逆向きに同じ数になってくるだけのことです。

（1を順にずらした場合の）「$-n$行$-r$列」$(r \geq n)$は、どうなっているのでしょうか。

p.170下の「$-n$行$r$列」は、p.161の$(-1)^r \binom{n-1+r}{r}$です。

p.170上の「$-n$行$-r$列」$(r \geq n)$は、（上述の対称性と1がどこにあるかを考慮すると）$(-1)^r \binom{n-1+r}{r}$の$r$を$r-n$とすることで求まります。

$$(-1)^{r-n}\binom{n-1+r-n}{r-n} = (-1)^{r-n}\binom{r-1}{r-1-(n-1)}$$
$$= \boxed{(-1)^{r-n}\binom{r-1}{n-1}}$$

《マイナス行の一般項》$(r \geq n \geq 1)$

「1を順にずらした」ときのパスカルの三角形において

「$-n$行$-r$列」は $(-1)^{r-n}\binom{r-1}{n-1}$

「1を順にずらした」とき、次の数を求めましょう。

(1) $-2$行$-5$列目　　(2) $-3$行$-7$列目

$p.170$上を見ると、(1) $\boxed{-4}$ (2) $\boxed{15}$ です。

ここでは、前ページの式から求めてみましょう。

(1) $n=2$、$r=5$を代入すると、

$$(-1)^{5-2}\binom{5-1}{2-1}=-\binom{4}{1}=\boxed{-4}$$

(2) $n=3$、$r=7$を代入すると、

$$(-1)^{7-3}\binom{7-1}{3-1}=\binom{6}{2}=\frac{6\cdot 5}{2\cdot 1}=\boxed{15}$$

## $(1+x)^{-n}$の展開に着目しよう(2)

引き続き、1を順にずらした場合の「マイナス行」を見ていきましょう。

「$-1$行」を係数とする「$\cdots\cdots\ +1\frac{1}{x^5}-1\frac{1}{x^4}+1\frac{1}{x^3}-1\frac{1}{x^2}+1\frac{1}{x}$」は、($\left|\frac{1}{x}\right|<1$つまり$1<|x|$で収束する)無限等比級数ですね。

$$\cdots\cdots\ +1\frac{1}{x^5}-1\frac{1}{x^4}+1\frac{1}{x^3}-1\frac{1}{x^2}+1\frac{1}{x}$$

$$=1\frac{1}{x}-1\frac{1}{x^2}+1\frac{1}{x^3}-1\frac{1}{x^4}+1\frac{1}{x^5}+\cdots\cdots$$

$$=\frac{\frac{1}{x}\times x}{(1+\frac{1}{x})\times x}=\frac{1}{(x+1)^1}=(x+1)^{-1}=(1+x)^{-1}$$

$$\cdots\cdots + 1\frac{1}{x^5} - 1\frac{1}{x^4} + 1\frac{1}{x^3} - 1\frac{1}{x^2} + 1\frac{1}{x} = (1+x)^{-1}$$

こうなると「−2行」「−3行」は、次のようになるのではないかと推察されます。

$$\cdots\cdots + 5\frac{1}{x^6} - 4\frac{1}{x^5} + 3\frac{1}{x^4} - 2\frac{1}{x^3} + 1\frac{1}{x^2} = (1+x)^{-2}$$

$$\cdots\cdots + 15\frac{1}{x^7} - 10\frac{1}{x^6} + 6\frac{1}{x^5} - 3\frac{1}{x^4} + 1\frac{1}{x^3} = (1+x)^{-3}$$

ここで今回の1を順にずらした場合は、$a_{-1} = 0$（−1列目を0）とした場合と逆向きに同じ数になっていることに着目します。

**問** *p*.166 の結果から、次を出しましょう。

(1) $\cdots\cdots + 1\frac{1}{x^5} - 1\frac{1}{x^4} + 1\frac{1}{x^3} - 1\frac{1}{x^2} + 1\frac{1}{x} = (1+x)^{-1}$

(2) $\cdots\cdots + 5\frac{1}{x^6} - 4\frac{1}{x^5} + 3\frac{1}{x^4} - 2\frac{1}{x^3} + 1\frac{1}{x^2} = (1+x)^{-2}$

(3) $\cdots\cdots + 15\frac{1}{x^7} - 10\frac{1}{x^6} + 6\frac{1}{x^5} - 3\frac{1}{x^4} + 1\frac{1}{x^3} = (1+x)^{-3}$

(1) $p.166$ 上枠の $x$ を $t$ に置きかえると、次の通りです。

$$1-1t+1t^2-1t^3+1t^4- \cdots\cdots = \frac{1}{1+t}$$

この両辺に $t$ をかけます。

$$1t-1t^2+1t^3-1t^4+1t^5- \cdots\cdots = \frac{t}{1+t}$$

$t=\frac{1}{x}$ とすると、次のようになります。

$$1\frac{1}{x}-1\frac{1}{x^2}+1\frac{1}{x^3}-1\frac{1}{x^4}+1\frac{1}{x^5}- \cdots\cdots = \frac{\frac{1}{x}}{1+\frac{1}{x}}$$

$$\cdots\cdots +1\frac{1}{x^5}-1\frac{1}{x^4}+1\frac{1}{x^3}-1\frac{1}{x^2}+1\frac{1}{x} = \frac{1}{x+1} = (1+x)^{-1}$$

(2) $p.166$ 中枠の $x$ を $t$ に置きかえて、両辺に $t^2$ をかけます。

$$1t^2-2t^3+3t^4-4t^5+5t^6- \cdots\cdots = \frac{t^2}{(1+t)^2}$$

$t=\frac{1}{x}$ とすると、次のようになります。

$$1\frac{1}{x^2}-2\frac{1}{x^3}+3\frac{1}{x^4}-4\frac{1}{x^5}+5\frac{1}{x^6}- \cdots\cdots = \frac{\frac{1}{x^2}}{\left(1+\frac{1}{x}\right)^2}$$

$$\cdots\cdots +5\frac{1}{x^6}-4\frac{1}{x^5}+3\frac{1}{x^4}-2\frac{1}{x^3}+1\frac{1}{x^2} = \frac{1}{(x+1)^2} = (1+x)^{-2}$$

(3) 同様に、$p.166$ 下枠の $x$ を $t$ に置きかえて、両辺に $t^3$ をかけ、$t=\frac{1}{x}$ として出します。

結局のところ、$a_{-1}=0$（$-1$列目を0）とした場合も、1を順にずらしていった場合も、同じ$(1+x)^{-n}$の係数でしたね。

**《$(1+x)^{-n}$の展開》**　($r\geq n\geq 1$、$1<|x|$)

$$
\begin{aligned}
(1+x)^{-n}=&\cdots\cdots+(-1)^{r-n}\binom{r-1}{n-1}\frac{1}{x^r}+\cdots\cdots\\
&\cdots\cdots-\binom{n+2}{n-1}\frac{1}{x^{n+3}}+\binom{n+1}{n-1}\frac{1}{x^{n+2}}\\
&-\binom{n}{n-1}\frac{1}{x^{n+1}}+\binom{n-1}{n-1}\frac{1}{x^n}\\
=&\cdots\cdots+(-1)^{r-n}\frac{(r-1)!}{(n-1)!\,(r-n)!}x^{-r}+\cdots\cdots\\
&\cdots\cdots-\frac{(n+2)(n+1)n}{3\cdot 2\cdot 1}x^{-n-3}\\
&+\frac{(n+1)n}{2\cdot 1}x^{-n-2}-nx^{-n-1}+x^{-n}
\end{aligned}
$$

## 「第2種スターリング数の三角形」をさかのぼろう

ここまで二項係数を見てきました。それでは、いよいよ第1種・第2種スターリング数です。

第2種スターリング数の三角形は次のようなものでした。

$$
\begin{array}{ccccccccccc}
 & & & & & 1 & & & & & \\
 & & & & 1 & {\scriptstyle \times 1} & 1 & & & & \\
 & & & 1 & {\scriptstyle \times 1} & 3 & {\scriptstyle \times 2} & 1 & & & \\
 & & 1 & {\scriptstyle \times 1} & 7 & {\scriptstyle \times 2} & 6 & {\scriptstyle \times 3} & 1 & & \\
 & 1 & {\scriptstyle \times 1} & 15 & {\scriptstyle \times 2} & 25 & {\scriptstyle \times 3} & 10 & {\scriptstyle \times 4} & 1 & \\
1 & {\scriptstyle \times 1} & 31 & {\scriptstyle \times 2} & 90 & {\scriptstyle \times 3} & 65 & {\scriptstyle \times 4} & 15 & {\scriptstyle \times 5} & 1
\end{array}
$$

各行の$k$番目は、(漸化式より)「左上」と「右上の$k$倍」をたして出てきたものです。

この三角形も、左詰めで書くことにします。各行は、0番目ではなく**1**番目から始まるので、下記の左端は**1**列目です。行も、0行ではなく**1**行から始まります。ここでも空白は0です。

| | | | | | | |
|---|---|---|---|---|---|---|
| 1行 | 1 | | | | | |
| 2行 | 1 | 1 | | | | |
| 3行 | 1 | 3 | 1 | | | |
| 4行 | 1 | 7 | 6 | 1 | | |
| 5行 | 1 | 15 | 25 | 10 | 1 | |
| 6行 | 1 | 31 | 90 | 65 | 15 | 1 |

左詰めとしたことで、これまで各行の$k$番目は「左上」と「右上の$k$倍」の和だったのが、今後は「左上」と「上の$k$倍」の和となってきます。

それでは(上記の)「1行」の上の「**0**行」を、「逆」にたどって求めていきましょう。

まず、「0行」も「プラス行」と同じく$a_0=0$として、順に求めてみます。

| | | | | | | | | | |
|---|---|---|---|---|---|---|---|---|---|
| 0行 | …… | 0 | $a_1$ | $a_2$ | $a_3$ | $a_4$ | $a_5$ | $a_6$ | …… |
| 1行 | …… | 0 | 1 | 0 | 0 | 0 | 0 | 0 | …… |

$0+1a_1=1$ より $a_1=1$

$a_1+2a_2=0$ つまり $1+2a_2=0$ より $a_2=-\dfrac{1}{2}$

いきなり分数です。これは、さすがに止めておきましょう。

そこで1を順にずらすことにして、$a_0=1$とします。さて、今度はどうなるでしょうか。

| | | | | | | | | | |
|---|---|---|---|---|---|---|---|---|---|
| 0行 | …… | $a_{-1}$ | 1 | $a_1$ | $a_2$ | $a_3$ | $a_4$ | $a_5$ | …… |
| 1行 | …… | 0 | 0 | 1 | 0 | 0 | 0 | 0 | …… |
| 2行 | …… | 0 | 0 | 1 | 1 | 0 | 0 | 0 | …… |
| 3行 | …… | 0 | 0 | 1 | 3 | 1 | 0 | 0 | …… |
| 4行 | …… | 0 | 0 | 1 | 7 | 6 | 1 | 0 | …… |

「0行」から「1行」が出るとします。

まず$1+1a_1=1$より$a_1=0$です。

次に $a_1+2a_2=0$ つまり $0+2a_2=0$より$a_2=0$ です。

さらに $a_2+3a_3=0$ つまり $0+3a_3=0$より$a_3=0$ です。

この先も同じようにして、$a_4=a_5=a_6=\cdots\cdots=0$ です。

| 0行 | …… | 1 | 0 | 0 | 0 | 0 | 0 | 0 | …… |
|---|---|---|---|---|---|---|---|---|---|

1の右側はずっと0です。では、左側はどうなるのでしょうか。

（同じ規則で）「0行」を求めましょう。

| 0行 | …… | $a_{-5}$ | $a_{-4}$ | $a_{-3}$ | $a_{-2}$ | $a_{-1}$ | 1 | 0 | 0 | … |
|---|---|---|---|---|---|---|---|---|---|---|
| 1行 | …… | 0 | 0 | 0 | 0 | 0 | 0 | 1 | 0 | … |

$$a_{-1}+0\cdot 1=0 \quad\Rightarrow\quad a_{-1}=\boxed{0}$$
$$a_{-2}+(-1)a_{-1}=0 \quad\Rightarrow\quad a_{-2}+0=0 \quad\Rightarrow\quad a_{-2}=\boxed{0}$$
$$a_{-3}+(-2)a_{-2}=0 \quad\Rightarrow\quad a_{-3}+0=0 \quad\Rightarrow\quad a_{-3}=\boxed{0}$$

この先も同じで、「0行」は次の通りです（青字の1は0列目）。

| 0行 | …… | 0 | 0 | 0 | 0 | 0 | 1 | 0 | 0 | 0 | …… |
|---|---|---|---|---|---|---|---|---|---|---|---|

それでは、「−1行」はどうなるのでしょうか。

| −1行 | …… | $a_{-2}$ | 1 | $a_0$ | $a_1$ | $a_2$ | $a_3$ | …… |
|---|---|---|---|---|---|---|---|---|
| 0行 | …… | 0 | 0 | 1 | 0 | 0 | 0 | …… |

まずは、「$-1$行」の1の右側を見ていきます。

まず$1+0a_0=1$ からは $a_0$ は決まってきません。

次に $a_0+1a_1=0$ からは $a_1=-a_0$ となります。

さらに$a_1+2a_2=0$ からは $a_2=-\frac{1}{2}a_1=\frac{1}{2}a_0$ です。

そこで、この先々も分数とならないように、$a_0=0$としします。

すると、1の右側はずっと0となります。

「$-2$行」「$-3$行」…も同様に決めることで、「マイナス行」の1の右側はずっと0となってきます。

問題は、左側がどうなるかです。

**問**「$-1$行」を（$a_{-6}$まで）求めましょう。

| | | | | | | | | | | |
|---|---|---|---|---|---|---|---|---|---|---|
| $-1$行 | … | $a_{-6}$ | $a_{-5}$ | $a_{-4}$ | $a_{-3}$ | $a_{-2}$ | 1 | 0 | 0 | … |
| 0行 | … | 0 | 0 | 0 | 0 | 0 | 0 | 1 | 0 | … |

$$a_{-2}+(-1)\cdot 1=0 \Rightarrow a_{-2}=\boxed{1}$$

$$a_{-3}+(-2)a_{-2}=0 \Rightarrow a_{-3}-2=0 \Rightarrow a_{-3}=\boxed{2}$$

$$a_{-4}+(-3)a_{-3}=0 \Rightarrow a_{-4}-6=0 \Rightarrow a_{-4}=\boxed{6}$$

$$a_{-5}+(-4)a_{-4}=0 \Rightarrow a_{-5}-24=0 \Rightarrow a_{-5}=\boxed{24}$$

$$a_{-6}+(-5)a_{-5}=0 \Rightarrow a_{-6}-120=0 \Rightarrow a_{-6}=\boxed{120}$$

「−1行」は次の通りです（青字の1は−1列目）。

| | | | | | | | | | | |
|---|---|---|---|---|---|---|---|---|---|---|
| −1行 | … | 120 | 24 | 6 | 2 | 1 | 1 | 0 | 0 | … |

同様にして、「−2行」は次の通りです（青字の1は−2列目）。

| | | | | | | | | | | |
|---|---|---|---|---|---|---|---|---|---|---|
| −2行 | … | 274 | 50 | 11 | 3 | 1 | 0 | 0 | 0 | … |

## 「マイナス行」に現れた「第1種スターリング数」

ここまで見てきた分に少々追加すると、次のようになります。

| | | | | | | | | | | |
|---|---|---|---|---|---|---|---|---|---|---|
| −6行 | … | 1 | 0 | 0 | 0 | 0 | 0 | 0 | 0 | … |
| −5行 | … | 15 | 1 | 0 | 0 | 0 | 0 | 0 | 0 | … |
| −4行 | … | 85 | 10 | 1 | 0 | 0 | 0 | 0 | 0 | … |
| −3行 | … | 225 | 35 | 6 | 1 | 0 | 0 | 0 | 0 | … |
| −2行 | … | 274 | 50 | 11 | 3 | 1 | 0 | 0 | 0 | … |
| −1行 | … | 120 | 24 | 6 | 2 | 1 | 1 | 0 | 0 | … |
| 0行 | … | 0 | 0 | 0 | 0 | 0 | 0 | 1 | 0 | … |

「マイナス行」に、見覚えのある数が並んでいますね。そうです。第1種スターリング数です。

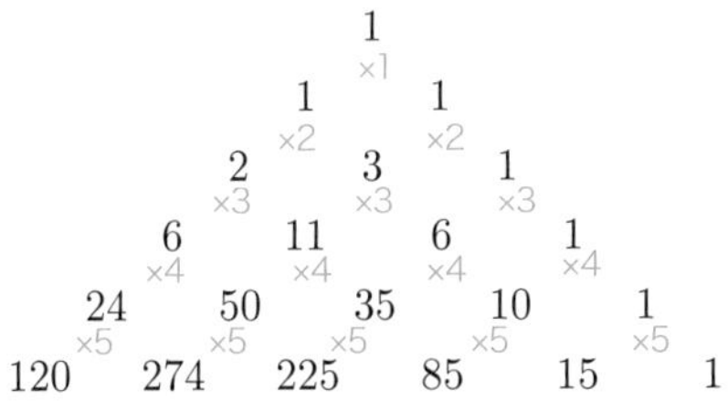

```
                    1
                   ×1
              1          1
             ×2         ×2
         2          3          1
        ×3         ×3         ×3
    6         11          6          1
   ×4         ×4         ×4         ×4
24        50         35         10         1
 ×5        ×5         ×5         ×5        ×5
120       274        225         85        15        1
```

第1種スターリング数の三角形では、$n$行の$k$番目は、「左上」と「右上の$n-1$倍」をたして出てきました。

この三角形も左詰めで書くことにします。今回も0行ではなく、1行から始まります。空白は0です。

| | | | | | | |
|---|---|---|---|---|---|---|
| 1行 | 1 | | | | | |
| 2行 | 1 | 1 | | | | |
| 3行 | 2 | 3 | 1 | | | |
| 4行 | 6 | 11 | 6 | 1 | | |
| 5行 | 24 | 50 | 35 | 10 | 1 | |
| 6行 | 120 | 274 | 225 | 85 | 15 | 1 |

左詰めとしたことで、これまで$n$行の$k$番目は、「左上」と「右上の$n-1$倍」の和だったのが、今後は「左上」と「上の$n-1$倍」の和となってきます。

次ページ上の第2種スターリング数の「0&マイナス行」は、右端が「0列」です。下の第1種スターリング数は、左端が「1列」です。

| | | $a_{-6}$ | $a_{-5}$ | $a_{-4}$ | $a_{-3}$ | $a_{-2}$ | $a_{-1}$ | $a_0$ |
|---|---|---|---|---|---|---|---|---|
| −6行 | … | 1 | 0 | 0 | 0 | 0 | 0 | 0 |
| −5行 | … | 15 | 1 | 0 | 0 | 0 | 0 | 0 |
| −4行 | … | 85 | 10 | 1 | 0 | 0 | 0 | 0 |
| −3行 | … | 225 | 35 | 6 | 1 | 0 | 0 | 0 |
| −2行 | … | 274 | 50 | 11 | 3 | 1 | 0 | 0 |
| −1行 | … | 120 | 24 | 6 | 2 | 1 | 1 | 0 |
| 0行 | … | 0 | 0 | 0 | 0 | 0 | 0 | 1 |

| | $a_1$ | $a_2$ | $a_3$ | $a_4$ | $a_5$ | $a_6$ |
|---|---|---|---|---|---|---|
| 1行 | 1 | 0 | 0 | 0 | 0 | 0 |
| 2行 | 1 | 1 | 0 | 0 | 0 | 0 |
| 3行 | 2 | 3 | 1 | 0 | 0 | 0 |
| 4行 | 6 | 11 | 6 | 1 | 0 | 0 |
| 5行 | 24 | 50 | 35 | 10 | 1 | 0 |
| 6行 | 120 | 274 | 225 | 85 | 15 | 1 |

どうも第2種スターリング数の三角形の「$-n$行$-r$列」は、第1種スターリング数の三角形の「$r$行$n$列」となっていそうですね。ちなみに下記右端の青字の0は0列目です$(n>0)$。

$$-n\text{行} \mid \quad \cdots\cdots、\begin{bmatrix}5\\n\end{bmatrix}、\begin{bmatrix}4\\n\end{bmatrix}、\begin{bmatrix}3\\n\end{bmatrix}、\begin{bmatrix}2\\n\end{bmatrix}、\begin{bmatrix}1\\n\end{bmatrix}、0$$

さて第2種スターリング数の「マイナス行」を上記の通りとしたとき、はたして$(-r)$番目は「左上」と「上の$(-r)$倍」の和となっているのでしょうか。つまり、次のようになっているのでしょうか。ここで$-n=-(n-1)-1$です。

「$-n$行$-(r+1)$列」$+(-r)\times$「$-n$行$-r$列」
=「$-(n-1)$行$-r$列」

こうなっていれば、「$-n$行」は（拡張の仕方から）上記の通りだといえるのです。

問 次を確認しましょう。

$$\begin{bmatrix} r+1 \\ n \end{bmatrix} + (-r)\begin{bmatrix} r \\ n \end{bmatrix} = \begin{bmatrix} r \\ n-1 \end{bmatrix}$$

第1種スターリング数の漸化式は、次の通りでした。

$$\begin{bmatrix} m+1 \\ k \end{bmatrix} = \begin{bmatrix} m \\ k-1 \end{bmatrix} + m\begin{bmatrix} m \\ k \end{bmatrix}$$

移項すると、次の通りです。

$$\begin{bmatrix} m+1 \\ k \end{bmatrix} - m\begin{bmatrix} m \\ k \end{bmatrix} = \begin{bmatrix} m \\ k-1 \end{bmatrix}$$

ここで、$m=r$、$k=n$とすると、求める式が出てきます。

$$\begin{bmatrix} r+1 \\ n \end{bmatrix} + (-r)\begin{bmatrix} r \\ n \end{bmatrix} = \begin{bmatrix} r \\ n-1 \end{bmatrix}$$

さて第2種スターリング数の「$-n$行$-r$列」を$\left\{ \begin{matrix} -n \\ -r \end{matrix} \right\}$と記すことにします。

するとこれは、第1種スターリング数の「$r$行$n$列」$\begin{bmatrix} r \\ n \end{bmatrix}$となっているのです。

**《第2種スターリング数$\left\{ \begin{matrix} -n \\ -r \end{matrix} \right\}$》** $(r \geq n \geq 1)$

$$\left\{ \begin{matrix} -n \\ -r \end{matrix} \right\} = \begin{bmatrix} r \\ n \end{bmatrix}$$

## 「逆数のべき乗」を表そう(1)

そもそも第1種スターリング数は、スターリング自身は「逆数のべき乗」を表すために導入したもののようです。

「逆数のべき乗」とは、$\frac{1}{x}(=x^{-1})$、$\frac{1}{x^2}(=x^{-2})$、$\frac{1}{x^3}(=x^{-3})$、$\frac{1}{x^4}(=x^{-4})$、…といったものです。

(逆数でなく)普通の「べき乗」$x^1$、$x^2$、$x^3$、$x^4$、…は、第2種スターリング数を用いて次のように表されました(式中の青字が第2種スターリング数です)。

$$x^1 = 1x$$
$$x^2 = 1x + 1x(x-1)$$
$$x^3 = 1x + 3x(x-1) + 1x(x-1)(x-2)$$
$$x^4 = 1x + 7x(x-1) + 6x(x-1)(x-2) + 1x(x-1)(x-2)(x-3)$$

このとき「べき乗」$x^1$、$x^2$、$x^3$、$x^4$、…を表すのに、$x$、$x(x-1)$、$x(x-1)(x-2)$、$x(x-1)(x-2)(x-3)$、…を用いました。

それでは「逆数のべき乗」$\frac{1}{x}$、$\frac{1}{x^2}$、$\frac{1}{x^3}$、$\frac{1}{x^4}$、…は、いったい何を用いて表したらよいのでしょうか。

そこで、逆に見ていくことにしましょう。

$x$、$x(x-1)$、$x(x-1)(x-2)$、$x(x-1)(x-2)(x-3)$

$\frac{1}{(x-1)}$　$\frac{1}{(x-2)}$　$\frac{1}{(x-3)}$

この（左に向かっての）続きは、順に$\frac{1}{(x-0)}$、$\frac{1}{(x-(-1))}$、$\frac{1}{(x-(-2))}$、$\frac{1}{(x-(-3))}$、……倍していった、

$$1、\frac{1}{x+1}、\frac{1}{(x+1)(x+2)}、\frac{1}{(x+1)(x+2)(x+3)}、……$$

となってきます。

ちなみに「0乗」は、この中の1を用いて$x^0 = 1$です。

それでは「逆数のべき乗」を、これらで表していきましょう。

問 次の $a$、$b$、$c$、$d$ を求めましょう。

(1) $$\frac{1}{x}=\frac{a}{(x+1)}+\frac{b}{(x+1)(x+2)}+\frac{c}{(x+1)(x+2)(x+3)}+\frac{d}{(x+1)(x+2)(x+3)(x+4)}+\cdots\cdots$$

(2) $$\frac{1}{x^2}=\frac{a}{(x+1)(x+2)}+\frac{b}{(x+1)(x+2)(x+3)}+\frac{c}{(x+1)(x+2)(x+3)(x+4)}+\cdots\cdots$$

(3) $$\frac{1}{x^3}=\frac{a}{(x+1)(x+2)(x+3)}+\frac{b}{(x+1)(x+2)(x+3)(x+4)}+\cdots\cdots$$

右辺を1項ずつ順に左辺へ移項して、差を見ていきます。

(1) $$\frac{1}{x}-\frac{a}{(x+1)}=\frac{(x+1)-ax}{x(x+1)} \Rightarrow \boxed{a=1}$$ (「$x$の係数」$=0$より)

$$\frac{1}{x(x+1)}-\frac{b}{(x+1)(x+2)}=\frac{(x+2)-bx}{x(x+1)(x+2)} \Rightarrow \boxed{b=1}$$

$$\frac{2}{x(x+1)(x+2)}-\frac{c}{(x+1)(x+2)(x+3)}$$

$$=\frac{2(x+3)-cx}{x(x+1)(x+2)(x+3)} \Rightarrow \boxed{c=2}$$

$$\frac{6}{x(x+1)(x+2)(x+3)}-\frac{d}{(x+1)(x+2)(x+3)(x+4)}$$

$$=\frac{6(x+4)-dx}{x(x+1)(x+2)(x+3)(x+4)} \Rightarrow \boxed{d=6}$$

最初から、順に右辺に戻して見ていくと、次の通りです。

$$\frac{1}{x}=\frac{1}{(x+1)}+\frac{1}{x(x+1)}$$

$$=\frac{1}{(x+1)}+\frac{1}{(x+1)(x+2)}+\frac{2}{x(x+1)(x+2)}$$

$$=\frac{1}{(x+1)}+\frac{1}{(x+1)(x+2)}+\frac{2}{(x+1)(x+2)(x+3)}+\frac{6}{x(x+1)(x+2)(x+3)}$$

$$=\frac{1}{(x+1)}+\frac{1}{(x+1)(x+2)}+\frac{2}{(x+1)(x+2)(x+3)}+\frac{6}{(x+1)(x+2)(x+3)(x+4)}$$

$$\left(+\frac{24}{x(x+1)(x+2)(x+3)(x+4)}\right)$$

(2) $\frac{1}{x^2}-\frac{a}{(x+1)(x+2)}=\frac{(x+1)(x+2)-ax^2}{x^2(x+1)(x+2)}$

$\Rightarrow$ $\boxed{a=1}$ （「$x^2$の係数」$=0$より）

$$\frac{3x+2}{x^2(x+1)(x+2)}-\frac{b}{(x+1)(x+2)(x+3)}$$

$$=\frac{(3x+2)(x+3)-bx^2}{x^2(x+1)(x+2)(x+3)} \Rightarrow \boxed{b=3}$$

$$\frac{11x+6}{x^2(x+1)(x+2)(x+3)}-\frac{c}{(x+1)(x+2)(x+3)(x+4)}$$

$$=\frac{(11x+6)(x+4)-cx^2}{x^2(x+1)(x+2)(x+3)(x+4)} \Rightarrow \boxed{c=11}$$

最初から、順に右辺に戻して見ていくと、次の通りです。

$$\frac{1}{x^2}=\frac{1}{(x+1)(x+2)}+\frac{3x+2}{x^2(x+1)(x+2)}$$

$$=\frac{1}{(x+1)(x+2)}+\frac{3}{(x+1)(x+2)(x+3)}$$

$$+\frac{11x+6}{x^2(x+1)(x+2)(x+3)}$$

$$=\frac{1}{(x+1)(x+2)}+\frac{3}{(x+1)(x+2)(x+3)}$$

$$+\frac{11}{(x+1)(x+2)(x+3)(x+4)}$$

$$\left(+\frac{50x+24}{x^2(x+1)(x+2)(x+3)(x+4)}\right)$$

(3) $$\frac{1}{x^3}-\frac{a}{(x+1)(x+2)(x+3)}=\frac{(x+1)(x+2)(x+3)-ax^3}{x^3(x+1)(x+2)(x+3)}$$

$\Rightarrow$ $\boxed{a=1}$ （「$x^3$の係数」$=0$より）

$$\frac{6x^2+11x+6}{x^3(x+1)(x+2)(x+3)}-\frac{b}{(x+1)(x+2)(x+3)(x+4)}$$

$$=\frac{(6x^2+11x+6)(x+4)-bx^3}{x^3(x+1)(x+2)(x+3)(x+4)} \Rightarrow \boxed{b=6}$$

最初から、順に右辺に戻して見ていくと、次の通りです。

$$\frac{1}{x^3}=\frac{1}{(x+1)(x+2)(x+3)}+\frac{6x^2+11x+6}{x^3(x+1)(x+2)(x+3)}$$

$$=\frac{1}{(x+1)(x+2)(x+3)}+\frac{6}{(x+1)(x+2)(x+3)(x+4)}$$

$$\left(+\frac{35x^2+50x+24}{x^3(x+1)(x+2)(x+3)(x+4)}\right)$$

## 「逆数のべき乗」を表そう（2）

$\frac{1}{x}$、$\frac{1}{x^2}$、$\frac{1}{x^3}$を1、$\frac{1}{(x+1)}$、$\frac{1}{(x+1)(x+2)}$、$\frac{1}{(x+1)(x+2)(x+3)}$、… で表してみました。ちなみに1の係数はいずれも0となっています。

| | | | | | | | | |
|---|---|---|---|---|---|---|---|---|
| −1行 | … | 120 | 24 | 6 | 2 | 1 | 1 | 0 |
| −2行 | … | 274 | 50 | 11 | 3 | 1 | 0 | 0 |
| −3行 | … | 225 | 35 | 6 | 1 | 0 | 0 | 0 |

見たところ、これらは第2種スターリング数の「マイナス行」ですね。その第2種スターリング数の「マイナス行」は、第1種スターリング数となっていたのです。

それにしても「逆数のべき乗」に、第1種スターリング数が登場するのはなぜなのでしょうか。先ほどの問をじっくり振り返ってみましょう。

**問** 前問の途中で登場した下記の続きはどうなるのでしょうか。

(1) $\frac{1}{x(x+1)}$、$\frac{2}{x(x+1)(x+2)}$、$\frac{6}{x(x+1)(x+2)(x+3)}$、□、□

(2) $\frac{3x+2}{x^2(x+1)(x+2)}$、$\frac{11x+6}{x^2(x+1)(x+2)(x+3)}$、□、□

(3) $\frac{6x^2+11x+6}{x^3(x+1)(x+2)(x+3)}$、□、□

(1) $\frac{1}{x(x+1)}$ は $\frac{1}{x}-\frac{1}{(x+1)}=\frac{(x+1)-1x}{x(x+1)}$ として出てきました。

分子の1は $(x+1)$ の（$x$ の項を除いた）定数項です。

$\frac{2}{x(x+1)(x+2)}$ は $\frac{1}{x(x+1)}-\frac{1}{(x+1)(x+2)}=\frac{1(x+2)-1x}{x(x+1)(x+2)}$ として出てきました。

分子の2は $1(x+2)=1x+2$ の（$x$ の項を除いた）定数項ですが、これは $(x+1)(x+2)$ の（$x$ 以上の項を除いた）定数項でもあります。

この先も、$(x+1)(x+2)(x+3)$ 等の（$x$ 以上の項を除いた）「定数項」$1\cdot2\cdot3=3!$ 等が分子に出てきます。

つまり、第1種スターリング数の三角形の左端の数（1）、**1**、**2**、**6**、**24**、**120**、… が分子に現れてきます。

| | | | | | |
|---|---|---|---|---|---|
| 1 | | | | | |
| **1** | 1 | | | | |
| **2** | 3 | 1 | | | |
| **6** | 11 | 6 | 1 | | |
| **24** | 50 | 35 | 10 | 1 | |
| **120** | 274 | 225 | 85 | 15 | 1 |

続きは

$\frac{\mathbf{24}}{x(x+1)(x+2)(x+3)(x+4)}$、$\frac{\mathbf{120}}{x(x+1)(x+2)(x+3)(x+4)(x+5)}$

です。

(2) 同様に見ていくと、分子には（$x^2$以上の項を除いた）「定数項と$x$の項」が出てきます。

$$
\begin{array}{ccccccccccc}
 & & & & & 1 & & & & & \\
 & & & & 1 & & 1 & & & & \\
 & & & 2 & & 3 & & 1 & & & \\
 & & 6 & & 11 & & 6 & & 1 & & \\
 & 24 & & 50 & & 35 & & 10 & & 1 & \\
120 & & 274 & & 225 & & 85 & & 15 & & 1
\end{array}
$$

続きは

$$\frac{50x+24}{x^2(x+1)(x+2)(x+3)(x+4)}、\frac{274x+120}{x^2(x+1)(x+2)(x+3)(x+4)(x+5)}$$

です。

(3)

$$
\begin{array}{ccccccccccc}
 & & & & & 1 & & & & & \\
 & & & & 1 & & 1 & & & & \\
 & & & 2 & & 3 & & 1 & & & \\
 & & 6 & & 11 & & 6 & & 1 & & \\
 & 24 & & 50 & & 35 & & 10 & & 1 & \\
120 & & 274 & & 225 & & 85 & & 15 & & 1
\end{array}
$$

同様に見ていくと、続きは次のようになります。

$$\frac{35x^2+50x+24}{x^3(x+1)(x+2)(x+3)(x+4)}、\frac{225x^2+274x+120}{x^3(x+1)(x+2)(x+3)(x+4)(x+5)}$$

こうして見ていくと、「逆数のべき乗」に第1種スターリング数が登場するのは自然な成り行きですね。さらにその第1種スターリング数は、第2種スターリング数の「マイナス行」となっていたのです。つまり $\begin{bmatrix} k \\ n \end{bmatrix} = \begin{Bmatrix} -n \\ -k \end{Bmatrix}$ です。

《逆数のべき乗》

$$\frac{1}{x^n} = \frac{\begin{bmatrix} n \\ n \end{bmatrix}}{(x+1)(x+2)\ \cdots\ (x+n)} + \frac{\begin{bmatrix} n+1 \\ n \end{bmatrix}}{(x+1)(x+2)\cdots(x+n+1)} + \cdots\cdots$$

$$= \frac{\begin{Bmatrix} -n \\ -n \end{Bmatrix}}{(x+1)(x+2)\cdots(x+n)} + \frac{\begin{Bmatrix} -n \\ -(n+1) \end{Bmatrix}}{(x+1)(x+2)\cdots(x+n+1)} + \cdots\cdots$$

## 「第1種スターリング数の三角形」をさかのぼろう

せっかくなので、第1種スターリング数の三角形もさかのぼってみましょう。

*p*.181で見た通り、左詰めとすると次の通りです。

| | | | | | | |
|---|---|---|---|---|---|---|
| 1行 | 1 | | | | | |
| 2行 | 1 | 1 | | | | |
| 3行 | 2 | 3 | 1 | | | |
| 4行 | 6 | 11 | 6 | 1 | | |
| 5行 | 24 | 50 | 35 | 10 | 1 | |
| 6行 | 120 | 274 | 225 | 85 | 15 | 1 |

$n$行の$k$番目は、「左上」と「上の$n-1$倍」の和です。

まずは「1行」の上の「0行」を、「逆」にたどって求めていきましょう。「1行」を「左上」と「上の0倍」の和とするのです。

でも（次のように）$a_0=0$とすることはできません。

| | | | | | | | | | |
|---|---|---|---|---|---|---|---|---|---|
| 0行 | …… | 0 | $a_1$ | $a_2$ | $a_3$ | $a_4$ | $a_5$ | $a_6$ | …… |
| 1行 | …… | 0 | 1 | 0 | 0 | 0 | 0 | 0 | …… |

そもそも$0+0a_1=1$を満たす$a_1$は存在しないのです。

そこで$a_0=1$とします。つまり（次のように）1を順にずらすことにします。

さて、今度はどうでしょうか。

| | | | | | | | | | |
|---|---|---|---|---|---|---|---|---|---|
| 0行 | …… | $a_{-1}$ | 1 | $a_1$ | $a_2$ | $a_3$ | $a_4$ | $a_5$ | …… |
| 1行 | …… | 0 | 0 | 1 | 0 | 0 | 0 | 0 | …… |
| 2行 | …… | 0 | 0 | 1 | 1 | 0 | 0 | 0 | …… |
| 3行 | …… | 0 | 0 | 2 | 3 | 1 | 0 | 0 | …… |
| 4行 | …… | 0 | 0 | 6 | 11 | 6 | 1 | 0 | …… |

まず$1+0a_1=1$ですが、これからは$a_1$は決まりません。

ところが、その次の$a_1+0a_2=0$から、$a_1=0$と決まってきます。さらに$a_2+0a_3=0$から、$a_2=0$です。

同様にして、$a_1=a_2=a_3=\cdots\cdots=0$となってきます（青字の1は0列目）。

| 0行 | …… | 1 | 0 | 0 | 0 | 0 | 0 | 0 | …… |
|---|---|---|---|---|---|---|---|---|---|

それでは、1の左側はどうなってくるのでしょうか。

**問 「0行」を求めましょう。**

| 0行 | …… | $a_{-5}$ | $a_{-4}$ | $a_{-3}$ | $a_{-2}$ | $a_{-1}$ | 1 | 0 | 0 | … |
|---|---|---|---|---|---|---|---|---|---|---|
| 1行 | …… | 0 | 0 | 0 | 0 | 0 | 0 | 1 | 0 | … |

$$a_{-1}+0\cdot 1=0 \quad \Rightarrow \quad a_{-1}=\boxed{0}$$
$$a_{-2}+0a_{-1}=0 \quad \Rightarrow \quad a_{-2}=\boxed{0}$$
$$a_{-3}+0a_{-2}=0 \quad \Rightarrow \quad a_{-3}=\boxed{0}$$

この先も同じで、「0行」は次の通りです(青字の1は0列目)。

| 0行 | … | 0 | 0 | 0 | 0 | 0 | 0 | 1 | 0 | … |
|---|---|---|---|---|---|---|---|---|---|---|

次に「−1行」、「−2行」、……ですが、結論として1の右側はどれもずっと0となります。さらに左側も見ていくと、次のようになります。

| −1行 | … | 1 | 1 | 1 | 1 | 1 | 1 | 0 | 0 | … |
|---|---|---|---|---|---|---|---|---|---|---|

| −2行 | … | 31 | 15 | 7 | 3 | 1 | 0 | 0 | 0 | … |
|---|---|---|---|---|---|---|---|---|---|---|

## 「マイナス行」に現れた「第2種スターリング数」

ここまで見てきた分に少々追加すると、次のようになります。

| | | $a_{-6}$ | $a_{-5}$ | $a_{-4}$ | $a_{-3}$ | $a_{-2}$ | $a_{-1}$ | $a_0$ |
|---|---|---|---|---|---|---|---|---|
| −6行 | … | 1 | 0 | 0 | 0 | 0 | 0 | 0 |
| −5行 | … | 15 | 1 | 0 | 0 | 0 | 0 | 0 |
| −4行 | … | 65 | 10 | 1 | 0 | 0 | 0 | 0 |
| −3行 | … | 90 | 25 | 6 | 1 | 0 | 0 | 0 |
| −2行 | … | 31 | 15 | 7 | 3 | 1 | 0 | 0 |
| −1行 | … | 1 | 1 | 1 | 1 | 1 | 1 | 0 |
| 0行 | … | 0 | 0 | 0 | 0 | 0 | 0 | 1 |

「マイナス行」に、見覚えのある数が並んでいますね。そうです。第2種スターリング数です。

| | $a_1$ | $a_2$ | $a_3$ | $a_4$ | $a_5$ | $a_6$ |
|---|---|---|---|---|---|---|
| 1行 | 1 | 0 | 0 | 0 | 0 | 0 |
| 2行 | 1 | 1 | 0 | 0 | 0 | 0 |
| 3行 | 1 | 3 | 1 | 0 | 0 | 0 |
| 4行 | 1 | 7 | 6 | 1 | 0 | 0 |
| 5行 | 1 | 15 | 25 | 10 | 1 | 0 |
| 6行 | 1 | 31 | 90 | 65 | 15 | 1 |

上の第1種スターリング数の「0＆マイナス行」は、右端が「0列」です。下の第2種スターリング数は、左端が「1列」です。

どうも第1種スターリング数の三角形の「$-n$行$-r$列」は、第2種スターリング数の三角形の「$r$行$n$列」となっていそうですね。ちなみに下記右端の0は0列目です（$n>0$）。

$$-n\text{行}\mid \quad \cdots\cdots、\left\{{5 \atop n}\right\}、\left\{{4 \atop n}\right\}、\left\{{3 \atop n}\right\}、\left\{{2 \atop n}\right\}、\left\{{1 \atop n}\right\}、0$$

「マイナス行」を上記の通りとしたとき、はたして「左上」と「上の$-n$倍」の和となっているのでしょうか。つまり、次のようになっているのでしょうか。ここで$-n=-(n-1)-1$です。

「$-n$行$-(r+1)$列」$+(-n)$「$-n$行$-r$列」

=「$-(n-1)$行$-r$列」

こうなっていれば、「$-n$行」は（拡張の仕方から）上記の通りだといえるのです。

**問** 次を確認しましょう。

$$\left\{{r+1 \atop n}\right\}+(-n)\left\{{r \atop n}\right\}=\left\{{r \atop n-1}\right\}$$

第2種スターリング数の漸化式は、次の通りでした。

$$\left\{{m+1 \atop k}\right\}=\left\{{m \atop k-1}\right\}+k\left\{{m \atop k}\right\}$$

移項すると、次の通りです。

$$\left\{{m+1 \atop k}\right\}-k\left\{{m \atop k}\right\}=\left\{{m \atop k-1}\right\}$$

ここで、$m=r$、$k=n$とすると、求める式が出てきます。

$$\left\{ {r+1 \atop n} \right\} + (-n) \left\{ {r \atop n} \right\} = \left\{ {r \atop n-1} \right\}$$

第1種スターリング数の「$-n$行$-k$列」を$\left[ {-n \atop -k} \right]$と記すことにすると、これは第2種スターリング数の「$k$行$n$列」$\left\{ {k \atop n} \right\}$となっているのです。

《**第1種スターリング数**$\left[ {-n \atop -k} \right]$》　($k \geq n \geq 1$)

$$\left[ {-n \atop -k} \right] = \left\{ {k \atop n} \right\}$$

## 「逆数のべき乗」を用いて表そう

$x$、$x(x+1)$、$x(x+1)(x+2)$、$x(x+1)(x+2)(x+3)$、…は、第1種スターリング数を用いて次のように表されました（式中の青字が第1種スターリング数です）。

$$x = 1x$$

$$x(x+1) = 1x + 1x^2$$

$$x(x+1)(x+2) = 2x + 3x^2 + 1x^3$$

$$x(x+1)(x+2)(x+3) = 6x + 11x^2 + 6x^3 + 1x^4$$

最初に、上記の左辺を逆に戻って見ていきます。

$$x、x(x+1)、x(x+1)(x+2)、x(x+1)(x+2)(x+3)$$

$$\frac{1}{(x+1)} \quad \frac{1}{(x+2)} \quad \frac{1}{(x+3)}$$

この（左に向かっての）続きは、順に$\frac{1}{(x+0)}$、$\frac{1}{(x+(-1))}$、$\frac{1}{(x+(-2))}$、$\frac{1}{(x+(-3))}$、… 倍していった、1、$\frac{1}{(x-1)}$、$\frac{1}{(x-1)(x-2)}$、$\frac{1}{(x-1)(x-2)(x-3)}$、… となってきます。

それではこれらを、「逆数のべき乗」$\frac{1}{x^0}$、$\frac{1}{x^1}$、$\frac{1}{x^2}$、$\frac{1}{x^3}$、…を用いて表しましょう。ちなみに$1=1\frac{1}{x^0}$です。

もっとも、すでに$p.81$〜$p.83$で次のことを見てきました。

$$\frac{1}{1-x}=\left\{\begin{matrix}1\\1\end{matrix}\right\}+\left\{\begin{matrix}2\\1\end{matrix}\right\}x+\left\{\begin{matrix}3\\1\end{matrix}\right\}x^2+\left\{\begin{matrix}4\\1\end{matrix}\right\}x^3+\left\{\begin{matrix}5\\1\end{matrix}\right\}x^4+\cdots\cdots$$

$$\frac{1}{(1-x)(1-2x)}=\left\{\begin{matrix}2\\2\end{matrix}\right\}+\left\{\begin{matrix}3\\2\end{matrix}\right\}x+\left\{\begin{matrix}4\\2\end{matrix}\right\}x^2+\left\{\begin{matrix}5\\2\end{matrix}\right\}x^3+\cdots\cdots \quad (\bigstar)$$

$$\frac{1}{(1-x)(1-2x)(1-3x)}=\left\{\begin{matrix}3\\3\end{matrix}\right\}+\left\{\begin{matrix}4\\3\end{matrix}\right\}x+\left\{\begin{matrix}5\\3\end{matrix}\right\}x^2+\cdots\cdots \quad (\bigstar\bigstar)$$

ここで「$x\to\frac{1}{x}$」とすると、一番上の式は次のようになります。

$$\frac{1}{1-\frac{1}{x}}=\left\{\begin{matrix}1\\1\end{matrix}\right\}+\left\{\begin{matrix}2\\1\end{matrix}\right\}\frac{1}{x}+\left\{\begin{matrix}3\\1\end{matrix}\right\}\frac{1}{x^2}+\left\{\begin{matrix}4\\1\end{matrix}\right\}\frac{1}{x^3}+\left\{\begin{matrix}5\\1\end{matrix}\right\}\frac{1}{x^4}+\cdots\cdots$$

$$\frac{x}{x-1}=\left\{\begin{matrix}1\\1\end{matrix}\right\}+\left\{\begin{matrix}2\\1\end{matrix}\right\}\frac{1}{x}+\left\{\begin{matrix}3\\1\end{matrix}\right\}\frac{1}{x^2}+\left\{\begin{matrix}4\\1\end{matrix}\right\}\frac{1}{x^3}+\left\{\begin{matrix}5\\1\end{matrix}\right\}\frac{1}{x^4}+\cdots\cdots$$

$$\frac{1}{x-1}=\left\{\begin{matrix}1\\1\end{matrix}\right\}\frac{1}{x}+\left\{\begin{matrix}2\\1\end{matrix}\right\}\frac{1}{x^2}+\left\{\begin{matrix}3\\1\end{matrix}\right\}\frac{1}{x^3}+\left\{\begin{matrix}4\\1\end{matrix}\right\}\frac{1}{x^4}+\left\{\begin{matrix}5\\1\end{matrix}\right\}\frac{1}{x^5}+\cdots\cdots$$

$$\frac{1}{x-1}=0\cdot\frac{1}{x^0}+\left\{\begin{matrix}1\\1\end{matrix}\right\}\frac{1}{x^1}+\left\{\begin{matrix}2\\1\end{matrix}\right\}\frac{1}{x^2}+\left\{\begin{matrix}3\\1\end{matrix}\right\}\frac{1}{x^3}+\left\{\begin{matrix}4\\1\end{matrix}\right\}\frac{1}{x^4}+\left\{\begin{matrix}5\\1\end{matrix}\right\}\frac{1}{x^5}+\cdots\cdots$$

**問** 次を「逆数のべき乗」$\frac{1}{x^0}$ (=1)、$\frac{1}{x^1}$、$\frac{1}{x^2}$、$\frac{1}{x^3}$、…を用いて表しましょう。

(1) $\frac{1}{(x-1)(x-2)}$ (2) $\frac{1}{(x-1)(x-2)(x-3)}$

(1) p.199の(★)で「$x\to\frac{1}{x}$」とします。

$$\frac{1}{\left(1-\frac{1}{x}\right)\left(1-\frac{2}{x}\right)}=\left\{\begin{matrix}2\\2\end{matrix}\right\}+\left\{\begin{matrix}3\\2\end{matrix}\right\}\frac{1}{x}+\left\{\begin{matrix}4\\2\end{matrix}\right\}\frac{1}{x^2}+\left\{\begin{matrix}5\\2\end{matrix}\right\}\frac{1}{x^3}+\cdots\cdots$$

$$\frac{x^2}{(x-1)(x-2)}=\left\{\begin{matrix}2\\2\end{matrix}\right\}+\left\{\begin{matrix}3\\2\end{matrix}\right\}\frac{1}{x}+\left\{\begin{matrix}4\\2\end{matrix}\right\}\frac{1}{x^2}+\left\{\begin{matrix}5\\2\end{matrix}\right\}\frac{1}{x^3}+\cdots\cdots$$

$$\frac{1}{(x-1)(x-2)}=\left\{\begin{matrix}2\\2\end{matrix}\right\}\frac{1}{x^2}+\left\{\begin{matrix}3\\2\end{matrix}\right\}\frac{1}{x^3}+\left\{\begin{matrix}4\\2\end{matrix}\right\}\frac{1}{x^4}+\left\{\begin{matrix}5\\2\end{matrix}\right\}\frac{1}{x^5}+\cdots\cdots$$

$$\frac{1}{(x-1)(x-2)}=0\cdot\frac{1}{x^0}+0\cdot\frac{1}{x^1}+\left\{\begin{matrix}2\\2\end{matrix}\right\}\frac{1}{x^2}+\left\{\begin{matrix}3\\2\end{matrix}\right\}\frac{1}{x^3}+\left\{\begin{matrix}4\\2\end{matrix}\right\}\frac{1}{x^4}+\left\{\begin{matrix}5\\2\end{matrix}\right\}\frac{1}{x^5}+\cdots\cdots$$

(2) $p.199$の(★★)で、$x \to \dfrac{1}{x}$とすると、次が出てきます。

$$\frac{1}{(x-1)(x-2)(x-3)} = \left\{\begin{matrix}3\\3\end{matrix}\right\}\frac{1}{x^3} + \left\{\begin{matrix}4\\3\end{matrix}\right\}\frac{1}{x^4} + \left\{\begin{matrix}5\\3\end{matrix}\right\}\frac{1}{x^5} + \cdots\cdots$$

$$\frac{1}{(x-1)(x-2)(x-3)} = 0\cdot\frac{1}{x^0} + 0\cdot\frac{1}{x^1} + 0\cdot\frac{1}{x^2} + \left\{\begin{matrix}3\\3\end{matrix}\right\}\frac{1}{x^3} + \left\{\begin{matrix}4\\3\end{matrix}\right\}\frac{1}{x^4} + \left\{\begin{matrix}5\\3\end{matrix}\right\}\frac{1}{x^5} + \cdots\cdots$$

同様にして次のようになります。ここで$\left\{\begin{matrix}n\\k\end{matrix}\right\} = \left[\begin{matrix}-k\\-n\end{matrix}\right]$です。

**《「逆数のべき乗」を用いて表す》**

$$\frac{1}{(x-1)(x-2)\cdots(x-k)}$$

$$= \left\{\begin{matrix}k\\k\end{matrix}\right\}\frac{1}{x^k} + \left\{\begin{matrix}k+1\\k\end{matrix}\right\}\frac{1}{x^{k+1}} + \left\{\begin{matrix}k+2\\k\end{matrix}\right\}\frac{1}{x^{k+2}} + \left\{\begin{matrix}k+3\\k\end{matrix}\right\}\frac{1}{x^{k+3}} + \cdots\cdots$$

$$= \left[\begin{matrix}-k\\-k\end{matrix}\right]x^{-k} + \left[\begin{matrix}-k\\-(k+1)\end{matrix}\right]x^{-(k+1)} + \left[\begin{matrix}-k\\-(k+2)\end{matrix}\right]x^{-(k+2)} + \left[\begin{matrix}-k\\-(k+3)\end{matrix}\right]x^{-(k+3)} + \cdots\cdots$$

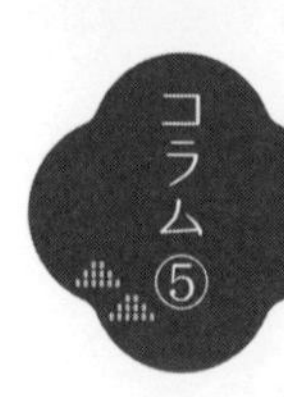


# スターリング数の性質

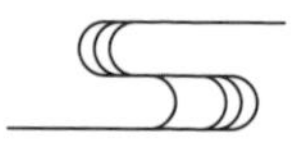

第1種・第2種スターリング数の簡単な性質をまとめておきましょう。

まずは、第1種スターリング数です。

それはスターリングにとっては、次のような数$\begin{bmatrix} n \\ k \end{bmatrix}$でした。

$$x(x+1)(x+2)\cdots(x+n-1)$$

$$=\begin{bmatrix} n \\ 1 \end{bmatrix}x+\begin{bmatrix} n \\ 2 \end{bmatrix}x^2+\begin{bmatrix} n \\ 3 \end{bmatrix}x^3+\cdots\cdots\cdots+\begin{bmatrix} n \\ n \end{bmatrix}x^n$$

この式に$x=1$を代入すると、次のようになります。

$$1\cdot2\cdot3\cdots n=\begin{bmatrix} n \\ 1 \end{bmatrix}+\begin{bmatrix} n \\ 2 \end{bmatrix}+\begin{bmatrix} n \\ 3 \end{bmatrix}+\cdots\cdots\cdots+\begin{bmatrix} n \\ n \end{bmatrix}$$

$$n!=\begin{bmatrix} n \\ 1 \end{bmatrix}+\begin{bmatrix} n \\ 2 \end{bmatrix}+\begin{bmatrix} n \\ 3 \end{bmatrix}+\cdots\cdots\cdots+\begin{bmatrix} n \\ n \end{bmatrix}$$

第1種スターリング数の三角形の$n$行目の「和は$n!$」です。これは、すでに$p.102$で見てきました。

次に、この式に$x=2$を代入してみます。

$$2\cdot3\cdot4\cdots(n+1)=\begin{bmatrix} n \\ 1 \end{bmatrix}\cdot2+\begin{bmatrix} n \\ 2 \end{bmatrix}\cdot2^2+\begin{bmatrix} n \\ 3 \end{bmatrix}\cdot2^3+\cdots+\begin{bmatrix} n \\ n \end{bmatrix}\cdot2^n$$

$$(n+1)!=2\begin{bmatrix} n \\ 1 \end{bmatrix}+2^2\begin{bmatrix} n \\ 2 \end{bmatrix}+2^3\begin{bmatrix} n \\ 3 \end{bmatrix}+\cdots+2^n\begin{bmatrix} n \\ n \end{bmatrix}$$

今度は、この式に$x=-1$を代入してみます。

$$(-1)(-1+1)(-1+2)(-1+n-1)$$

$$=\begin{bmatrix}n\\1\end{bmatrix}(-1)+\begin{bmatrix}n\\2\end{bmatrix}(-1)^2+\begin{bmatrix}n\\3\end{bmatrix}(-1)^3+\cdots\cdots\cdots+\begin{bmatrix}n\\n\end{bmatrix}(-1)^n$$

$$0=-\begin{bmatrix}n\\1\end{bmatrix}+\begin{bmatrix}n\\2\end{bmatrix}-\begin{bmatrix}n\\3\end{bmatrix}+\cdots\cdots\cdots+(-1)^n\begin{bmatrix}n\\n\end{bmatrix}$$

$$0=\begin{bmatrix}n\\1\end{bmatrix}-\begin{bmatrix}n\\2\end{bmatrix}+\begin{bmatrix}n\\3\end{bmatrix}-\cdots\cdots\cdots+(-1)^{n+1}\begin{bmatrix}n\\n\end{bmatrix}$$

第1種スターリング数の三角形の$n$行目の「交代和は0」です。

これも$p.103$で見てきました。

今度は、第2種スターリング数です。

それはスターリングにとっては、次のような数$\left\{\begin{matrix}n\\k\end{matrix}\right\}$でした。

$$x^n=\left\{\begin{matrix}n\\1\end{matrix}\right\}x+\left\{\begin{matrix}n\\2\end{matrix}\right\}x(x-1)+\left\{\begin{matrix}n\\3\end{matrix}\right\}x(x-1)(x-2)+\cdots$$

$$\cdots\cdots+\left\{\begin{matrix}n\\n\end{matrix}\right\}x(x-1)(x-2)\cdots(x-n+1)$$

この式に$x=-1$を代入すると、次のようになります。

$$(-1)^n=\left\{\begin{matrix}n\\1\end{matrix}\right\}(-1)+\left\{\begin{matrix}n\\2\end{matrix}\right\}(-1)(-2)+\left\{\begin{matrix}n\\3\end{matrix}\right\}(-1)(-2)(-3)+\cdots$$

$$\cdots\cdots+\left\{\begin{matrix}n\\n\end{matrix}\right\}(-1)(-2)(-3)\cdots(-n)$$

$$(-1)^n=-\left\{\begin{matrix}n\\1\end{matrix}\right\}1!+\left\{\begin{matrix}n\\2\end{matrix}\right\}2!-\left\{\begin{matrix}n\\3\end{matrix}\right\}3!+\cdots\cdots+(-1)^n\left\{\begin{matrix}n\\n\end{matrix}\right\}n!$$

両辺に$(-1)^n$をかけて、$(-1)^{n+k}=(-1)^{n-k}$を用いると、次の通りです。

$$1=(-1)^{n-1}1!\left\{{n \atop 1}\right\}+(-1)^{n-2}2!\left\{{n \atop 2}\right\}+(-1)^{n-3}3!\left\{{n \atop 3}\right\}+\cdots\cdots$$
$$\cdots\cdots+n!\left\{{n \atop n}\right\}$$

今度は、p.203の式に$x=-2$を代入してみます。

$$(-2)^n=\left\{{n \atop 1}\right\}(-2)+\left\{{n \atop 2}\right\}(-2)(-3)+\left\{{n \atop 3}\right\}(-2)(-3)(-4)+\cdots$$
$$\cdots\cdots+\left\{{n \atop n}\right\}(-2)(-3)(-4)\cdots(-n-1)$$
$$(-2)^n=-\left\{{n \atop 1}\right\}2!+\left\{{n \atop 2}\right\}3!-\left\{{n \atop 3}\right\}4!+\cdots\cdots+(-1)^n\left\{{n \atop n}\right\}(n+1)!$$

これも両辺に$(-1)^n$をかけて、$(-1)^{n+k}=(-1)^{n-k}$を用いると、次のようになります。

$$2^n=(-1)^{n-1}2!\left\{{n \atop 1}\right\}+(-1)^{n-2}3!\left\{{n \atop 2}\right\}+(-1)^{n-3}4!\left\{{n \atop 3}\right\}+\cdots\cdots$$
$$\cdots\cdots+(n+1)!\left\{{n \atop n}\right\}$$

さて、第2種スターリング数は、次の漸化式をみたす数でした。ただし、$k<1$、$n<k$では$\left\{{n \atop k}\right\}=0$です。

$$\left\{ \begin{matrix} n+1 \\ k \end{matrix} \right\} = \left\{ \begin{matrix} n \\ k-1 \end{matrix} \right\} + k \left\{ \begin{matrix} n \\ k \end{matrix} \right\}$$

この漸化式を用いると、じつは次のような式が出てきます。

$$0!\left\{ \begin{matrix} 2 \\ 1 \end{matrix} \right\} - 1!\left\{ \begin{matrix} 2 \\ 2 \end{matrix} \right\} = 0$$

$$0!\left\{ \begin{matrix} 3 \\ 1 \end{matrix} \right\} - 1!\left\{ \begin{matrix} 3 \\ 2 \end{matrix} \right\} + 2!\left\{ \begin{matrix} 3 \\ 3 \end{matrix} \right\} = 0$$

$$0!\left\{ \begin{matrix} 4 \\ 1 \end{matrix} \right\} - 1!\left\{ \begin{matrix} 4 \\ 2 \end{matrix} \right\} + 2!\left\{ \begin{matrix} 4 \\ 3 \end{matrix} \right\} - 3!\left\{ \begin{matrix} 4 \\ 4 \end{matrix} \right\} = 0$$

$$0!\left\{ \begin{matrix} 5 \\ 1 \end{matrix} \right\} - 1!\left\{ \begin{matrix} 5 \\ 2 \end{matrix} \right\} + 2!\left\{ \begin{matrix} 5 \\ 3 \end{matrix} \right\} - 3!\left\{ \begin{matrix} 5 \\ 4 \end{matrix} \right\} + 4!\left\{ \begin{matrix} 5 \\ 5 \end{matrix} \right\} = 0$$

例えば $0!\left\{ \begin{matrix} 4 \\ 1 \end{matrix} \right\} - 1!\left\{ \begin{matrix} 4 \\ 2 \end{matrix} \right\} + 2!\left\{ \begin{matrix} 4 \\ 3 \end{matrix} \right\} - 3!\left\{ \begin{matrix} 4 \\ 4 \end{matrix} \right\} = 0$ を出してみます。

漸化式から次の通りです。ちなみに $\left\{ \begin{matrix} 3 \\ 0 \end{matrix} \right\} = \left\{ \begin{matrix} 3 \\ 4 \end{matrix} \right\} = 0$ です。

$$\left\{ \begin{matrix} 4 \\ 1 \end{matrix} \right\} = \left\{ \begin{matrix} 3 \\ 0 \end{matrix} \right\} + 1 \cdot \left\{ \begin{matrix} 3 \\ 1 \end{matrix} \right\} \Rightarrow \left\{ \begin{matrix} 4 \\ 1 \end{matrix} \right\} = 0 + 1 \cdot \left\{ \begin{matrix} 3 \\ 1 \end{matrix} \right\}$$

$$\left\{ \begin{matrix} 4 \\ 2 \end{matrix} \right\} = \left\{ \begin{matrix} 3 \\ 1 \end{matrix} \right\} + 2 \cdot \left\{ \begin{matrix} 3 \\ 2 \end{matrix} \right\} \Rightarrow 1 \cdot \left\{ \begin{matrix} 4 \\ 2 \end{matrix} \right\} = 1 \cdot \left\{ \begin{matrix} 3 \\ 1 \end{matrix} \right\} + 1 \cdot 2 \cdot \left\{ \begin{matrix} 3 \\ 2 \end{matrix} \right\}$$

$$\left\{ \begin{matrix} 4 \\ 3 \end{matrix} \right\} = \left\{ \begin{matrix} 3 \\ 2 \end{matrix} \right\} + 3 \cdot \left\{ \begin{matrix} 3 \\ 3 \end{matrix} \right\} \Rightarrow 1 \cdot 2 \left\{ \begin{matrix} 4 \\ 3 \end{matrix} \right\} = 1 \cdot 2 \cdot \left\{ \begin{matrix} 3 \\ 2 \end{matrix} \right\} + 1 \cdot 2 \cdot 3 \cdot \left\{ \begin{matrix} 3 \\ 3 \end{matrix} \right\}$$

$$\left\{ \begin{matrix} 4 \\ 4 \end{matrix} \right\} = \left\{ \begin{matrix} 3 \\ 3 \end{matrix} \right\} + 4 \cdot \left\{ \begin{matrix} 3 \\ 4 \end{matrix} \right\} \Rightarrow 1 \cdot 2 \cdot 3 \cdot \left\{ \begin{matrix} 4 \\ 4 \end{matrix} \right\} = 1 \cdot 2 \cdot 3 \cdot \left\{ \begin{matrix} 3 \\ 3 \end{matrix} \right\} + 0$$

ここで右側の式を見ていきます。

2番目と4番目の両辺を $(-1)$ 倍して和を取ると、次の右辺は打ち消しあって0となります。

$$\left\{{4 \atop 1}\right\} = 0 + 1 \cdot \left\{{3 \atop 1}\right\}$$

$$-1 \cdot \left\{{4 \atop 2}\right\} = -1 \cdot \left\{{3 \atop 1}\right\} - 1 \cdot 2 \cdot \left\{{3 \atop 2}\right\}$$

$$1 \cdot 2 \left\{{4 \atop 3}\right\} = 1 \cdot 2 \cdot \left\{{3 \atop 2}\right\} + 1 \cdot 2 \cdot 3 \cdot \left\{{3 \atop 3}\right\}$$

$$-1 \cdot 2 \cdot 3 \cdot \left\{{4 \atop 4}\right\} = -1 \cdot 2 \cdot 3 \cdot \left\{{3 \atop 3}\right\} - 0$$

これを$0! = 1$を用いて体裁を整えると、次のようになります。

$$0!\left\{{4 \atop 1}\right\} - 1!\left\{{4 \atop 2}\right\} + 2!\left\{{4 \atop 3}\right\} - 3!\left\{{4 \atop 4}\right\} = 0$$

同様にして、次が出てきます。

$n \geq 2$のとき

$$0!\left\{{n \atop 1}\right\} - 1!\left\{{n \atop 2}\right\} + 2!\left\{{n \atop 3}\right\} - \cdots\cdots + (-1)^{n-1}(n-1)!\left\{{n \atop n}\right\} = 0$$

この式は、成り立つこと自体は納得ですよね。でも、そもそもどこからこんな式が降りてきたのでしょうか。この舞台裏については、$p.254$で見ていくことにしましょう。

# 6章

# 不思議な「クラウゼン－フォンシュタウトの定理」

ベルヌーイ数は、奇数番目は1番目を除いて0です。偶数番目も「分母」に関しては完全に分かっています。「クラウゼン－フォンシュタウトの定理」です。何番目のベルヌーイ数かで「分母」が決まってしまうという、この不思議な定理を見ていきましょう。

## 「上昇階乗」を用いる「積和の公式」とは…

これまで「べき乗」$x$、$x^2$、$x^3$、… を「上昇階乗」$x$、$x(x+1)$、$x(x+1)(x+2)$、… で表してきました。ちなみに「上昇階乗」の場合は、($x$を$-x$にした関係上) 第2種スターリング数に符号 (±) がついてきます。

何でわざわざそんな面倒なことをするの、と思ったかもしれませんね。でもこの$x$、$x(x+1)$、$x(x+1)(x+2)$、… に関する、よく知られた「積和の公式」があるのです。

まず「$x$」に$x=1$、2、…、$n$を代入して、これらの和をとる (たし算する) と次のようになります。

$$1+2+3+\cdots\cdots+n=\frac{1}{2}n(n+1)$$

「$x(x+1)$」で同様にやると、次のようになります。

$$1\cdot2+2\cdot3+3\cdot4+\cdots\cdots+n(n+1)=\frac{1}{3}n(n+1)(n+2)$$

ここで2つ目の上の式を出してみましょう。

まず$f(x)=x(x+1)(x+2)$と置きます。

$f(x+1)-f(x)$を計算すると、$(x+1)(x+2)$が現れてきます。

$$\begin{aligned} f(x+1)-f(x) &= (x+1)(x+2)(x+3)-x(x+1)(x+2) \\ &= (x+1)(x+2)\{(x+3)-x\} \\ &= 3(x+1)(x+2) \end{aligned}$$

この$f(x+1)-f(x)$に$x=0$、1、2、…、$n-1$を代入し、それらの和をとると次のようになります。

$$\begin{aligned} f(1)-f(0) &= 3\cdot1\cdot2 \\ f(2)-f(1) &= 3\cdot2\cdot3 \\ f(3)-f(2) &= 3\cdot3\cdot4 \\ &\cdots\cdots \\ +)\quad f(n)-f(n-1) &= 3\cdot n\cdot(n+1) \\ \hline f(n)-f(0) &= 3\cdot[1\cdot2+2\cdot3+3\cdot4+\cdots\cdots+n(n+1)] \end{aligned}$$

$$\frac{1}{3}n(n+1)(n+2)=1\cdot2+2\cdot3+3\cdot4+\cdots\cdots+n(n+1)$$

これで2つ目の式が示されました。

問 次の式を示しましょう。

$$1\cdot2\cdot3+2\cdot3\cdot4+3\cdot4\cdot5+\cdots\cdots+n(n+1)(n+2)$$

$$=\frac{1}{4}n(n+1)(n+2)(n+3)$$

今度は$f(x)=x(x+1)(x+2)(x+3)$と置きます。

$$f(x+1)-f(x)$$
$$=(x+1)(x+2)(x+3)(x+4)-x(x+1)(x+2)(x+3)$$
$$=(x+1)(x+2)(x+3)\{(x+4)-x\}$$
$$=4(x+1)(x+2)(x+3)$$

同様にやると、次のようになります。

$$f(n)-f(0)=4\cdot[1\cdot2\cdot3+\cdots+n(n+1)(n+2)]$$

$$\frac{1}{4}n(n+1)(n+2)(n+3)=1\cdot2\cdot3+\cdots+n(n+1)(n+2)$$

一般の「積和の公式」も、同様にして示されます。

**《積和の公式》**

$f_k(x)=x(x+1)(x+2)\cdots\cdots(x+k-1)$と置いたとき、

$$f_k(1)+f_k(2)+f_k(3)+\cdots\cdots+f_k(n)=\frac{1}{k+1}f_{k+1}(n)$$

## 「べき乗和」を「スターリング数」で表そう

次の「積和」は、これまで見てきた通り簡単でしたね。

$$1\cdot 2\cdot 3+2\cdot 3\cdot 4+3\cdot 4\cdot 5+\cdots\cdots+n(n+1)(n+2)$$

でも次の「3乗和」は、（公式は知っていても）難しかったです。

$$1\cdot 1\cdot 1+2\cdot 2\cdot 2+3\cdot 3\cdot 3+\cdots\cdots+n\cdot n\cdot n$$
$$[\ 1^3 + 2^3 + 3^3 + \cdots\cdots + n^3\ ]$$

この「3乗和」のような「べき乗和の公式」は、$p.150$（コラム④）で見てきました。ここでは、べき乗和（$m$乗和）$S_m(n)$を第1種・第2種スターリング数を用いて表します。

$$S_m(n)=1^m+2^m+3^m+\cdots+n^m$$

例として、「3乗和」$S_3(n)=1^3+2^3+3^3+\cdots+n^3$を見ていきましょう。

まず3乗（べき乗）の「$x^3$」を、「上昇階乗」$x$、$x(x+1)$、$x(x+1)(x+2)$で表します。「上昇階乗」なので、符号（±）がつきます。

$$x^3=1x-3x(x+1)+1x(x+1)(x+2)$$

青字は、第2種スターリング数 $\left\{ 3 \atop 1 \right\}=1$、$\left\{ 3 \atop 2 \right\}=3$、$\left\{ 3 \atop 3 \right\}=1$ です。

$x=1$、2、…、$n$を代入して、それらの和をとります。

$$
\begin{array}{rl}
1^3 = & 1 \cdot 1 - 3 \cdot 1 \cdot 2 + 1 \cdot 1 \cdot 2 \cdot 3 \\
2^3 = & 1 \cdot 2 - 3 \cdot 2 \cdot 3 + 1 \cdot 2 \cdot 3 \cdot 4 \\
 & \cdots\cdots\cdots\cdots\cdots\cdots \\
+) \quad n^3 = & 1 \cdot n - 3n(n+1) + 1n(n+1)(n+2) \\
\hline
\end{array}
$$

ここで、先ほどの「積和の公式」を用います。

$$
S_3(n) = 1 \cdot \frac{1}{2}n(n+1) - 3 \cdot \frac{1}{3}n(n+1)(n+2) + 1 \cdot \frac{1}{4}n(n+1)(n+2)(n+3)
$$

もちろん、ここで終了ではありません。さらに「上昇階乗」を、第1種スターリング数を用いて「べき乗」に戻すのです。下の青字は第1種スターリング数$\begin{bmatrix} m \\ k \end{bmatrix}$です。

$$
n(n+1) = 1n + 1n^2
$$

$$
n(n+1)(n+2) = 2n + 3n^2 + 1n^3
$$

$$
n(n+1)(n+2)(n+3) = 6n + 11n^2 + 6n^3 + 1n^4
$$

これらを代入すると、$S_3(n)$は次のようになります。

$$
\begin{aligned}
S_3(n) = & \frac{1}{2} \cdot 1(1n + 1n^2) \\
& - \frac{1}{3} \cdot 3(2n + 3n^2 + 1n^3) \\
& + \frac{1}{4} \cdot 1(6n + 11n^2 + 6n^3 + 1n^4)
\end{aligned}
$$

$$
\begin{aligned}
&= \left(\frac{1}{2}\cdot 1\cdot 1-\frac{1}{3}\cdot 3\cdot 2+\frac{1}{4}\cdot 1\cdot 6\right)n \\
&+ \left(\frac{1}{2}\cdot 1\cdot 1-\frac{1}{3}\cdot 3\cdot 3+\frac{1}{4}\cdot 1\cdot 11\right)n^2 \\
&+ \left(\qquad\qquad -\frac{1}{3}\cdot 3\cdot 1+\frac{1}{4}\cdot 1\cdot 6\right)n^3 \\
&+ \left(\qquad\qquad\qquad\qquad +\frac{1}{4}\cdot 1\cdot 1\right)n^4
\end{aligned}
$$

第1種・第2種スターリング数の記号を用いると、次の通りです。ここで$\begin{bmatrix}2\\3\end{bmatrix}=\begin{bmatrix}2\\4\end{bmatrix}=0$、$\begin{bmatrix}3\\4\end{bmatrix}=0$です。

$$
\begin{aligned}
S_3(n) &= \left(\frac{1}{2}\begin{Bmatrix}3\\1\end{Bmatrix}\begin{bmatrix}2\\1\end{bmatrix}-\frac{1}{3}\begin{Bmatrix}3\\2\end{Bmatrix}\begin{bmatrix}3\\1\end{bmatrix}+\frac{1}{4}\begin{Bmatrix}3\\3\end{Bmatrix}\begin{bmatrix}4\\1\end{bmatrix}\right)n \\
&+ \left(\frac{1}{2}\begin{Bmatrix}3\\1\end{Bmatrix}\begin{bmatrix}2\\2\end{bmatrix}-\frac{1}{3}\begin{Bmatrix}3\\2\end{Bmatrix}\begin{bmatrix}3\\2\end{bmatrix}+\frac{1}{4}\begin{Bmatrix}3\\3\end{Bmatrix}\begin{bmatrix}4\\2\end{bmatrix}\right)n^2 \\
&+ \left(\frac{1}{2}\begin{Bmatrix}3\\1\end{Bmatrix}\begin{bmatrix}2\\3\end{bmatrix}-\frac{1}{3}\begin{Bmatrix}3\\2\end{Bmatrix}\begin{bmatrix}3\\3\end{bmatrix}+\frac{1}{4}\begin{Bmatrix}3\\3\end{Bmatrix}\begin{bmatrix}4\\3\end{bmatrix}\right)n^3 \\
&+ \left(\frac{1}{2}\begin{Bmatrix}3\\1\end{Bmatrix}\begin{bmatrix}2\\4\end{bmatrix}-\frac{1}{3}\begin{Bmatrix}3\\2\end{Bmatrix}\begin{bmatrix}3\\4\end{bmatrix}+\frac{1}{4}\begin{Bmatrix}3\\3\end{Bmatrix}\begin{bmatrix}4\\4\end{bmatrix}\right)n^4
\end{aligned}
$$

$$
S_3(n)=\sum_{k=1}^{4}\left(\sum_{h=1}^{3}(-1)^{3+h}\frac{1}{h+1}\begin{Bmatrix}3\\h\end{Bmatrix}\begin{bmatrix}h+1\\k\end{bmatrix}\right)n^k
$$

同様にして、「$m$乗和」$S_m(n)$は次のように表されます。

**《「べき乗和」をスターリング数で表す》**

$$
S_m(n)=\sum_{k=1}^{m+1}\left(\sum_{h=1}^{m}(-1)^{m+h}\frac{1}{h+1}\begin{Bmatrix}m\\h\end{Bmatrix}\begin{bmatrix}h+1\\k\end{bmatrix}\right)n^k
$$

## 「ベルヌーイ数」を「第2種スターリング数」で表そう

ベルヌーイ数 $B_0=1$、$B_1=\frac{1}{2}$、$B_2=\frac{1}{6}$、$B_3=0$、… は、$S_0(n)$、$S_1(n)$、$S_2(n)$、$S_3(n)$、… を表す多項式の「$n$の係数」として登場しました。

例えば$S_3(n)$を表す多項式は、次の通りです。〈p.151参照〉

$$S_3(n)=\frac{1}{4}\left(1\cdot 1n^4+4\cdot\frac{1}{2}n^3+6\cdot\frac{1}{6}n^2+4\cdot 0n\right)$$
$$=\frac{1}{4}(1B_0n^4+4B_1n^3+6B_2n^2+4B_3n)$$

この（$S_0(n)$、$S_1(n)$、$S_2(n)$までには現れず）$S_3(n)$で初めて「$n$の係数」として現れたのが、$\frac{1}{4}\times 4\cdot B_3=B_3$です。

上の$S_3(n)$とp.213の$S_3(n)$の「$n$の係数」を比べると、$B_3$は次のように表されます。

$$B_3=\frac{1}{2}\left\{\begin{matrix}3\\1\end{matrix}\right\}\begin{bmatrix}2\\1\end{bmatrix}-\frac{1}{3}\left\{\begin{matrix}3\\2\end{matrix}\right\}\begin{bmatrix}3\\1\end{bmatrix}+\frac{1}{4}\left\{\begin{matrix}3\\3\end{matrix}\right\}\begin{bmatrix}4\\1\end{bmatrix}$$

ここで$\begin{bmatrix}2\\1\end{bmatrix}$、$\begin{bmatrix}3\\1\end{bmatrix}$、$\begin{bmatrix}4\\1\end{bmatrix}$に着目です。p.96で見た通り、第1種スターリング数の三角形の「$n$行1番目」$\begin{bmatrix}n\\1\end{bmatrix}$は$(n-1)!$です。つまり$\begin{bmatrix}2\\1\end{bmatrix}=1!$、$\begin{bmatrix}3\\1\end{bmatrix}=2!$、$\begin{bmatrix}4\\1\end{bmatrix}=3!$です。

このことから、$B_3$は第2種スターリング数（と階乗）を用いて、次のように表されます。

$$B_3 = \frac{1}{2}\left\{ \begin{matrix} 3 \\ 1 \end{matrix} \right\} 1! - \frac{1}{3}\left\{ \begin{matrix} 3 \\ 2 \end{matrix} \right\} 2! + \frac{1}{4}\left\{ \begin{matrix} 3 \\ 3 \end{matrix} \right\} 3!$$

同様にして、次の式の

$$S_m(n) = \sum_{k=1}^{m+1} \left( \sum_{h=1}^{m} (-1)^{m+h} \frac{1}{h+1} \left\{ \begin{matrix} m \\ h \end{matrix} \right\} \left[ \begin{matrix} h+1 \\ k \end{matrix} \right] \right) n^k$$

「$n$の係数」($k=1$)から、ベルヌーイ数$B_m$ ($m \geq 1$)が第2種スターリング数(と階乗)で表されます($B_0 = 1$)。

$$B_m = \sum_{h=1}^{m} (-1)^{m+h} \frac{1}{h+1} \left\{ \begin{matrix} m \\ h \end{matrix} \right\} \left[ \begin{matrix} h+1 \\ 1 \end{matrix} \right]$$

$$= (-1)^m \sum_{h=1}^{m} (-1)^h \frac{1}{h+1} \left\{ \begin{matrix} m \\ h \end{matrix} \right\} h!$$

$$= (-1)^m \sum_{h=1}^{m} (-1)^h \frac{h!}{h+1} \left\{ \begin{matrix} m \\ h \end{matrix} \right\}$$

ただし、ベルヌーイ数は、$B_1 = \frac{1}{2}$とする場合と、$B_1^* = -\frac{1}{2}$とする場合があるので気をつけてください。これは、あくまでも$B_1 = \frac{1}{2}$の場合です。〈$B_1^* = -\frac{1}{2}$の場合は$p.252$参照〉

**《ベルヌーイ数$B_m$ ($m \geq 1$)　$\left(B_1 = \frac{1}{2}\right)$》**

$$B_m = (-1)^m \sum_{h=1}^{m} (-1)^h \frac{h!}{h+1} \left\{ \begin{matrix} m \\ h \end{matrix} \right\}$$

 上の式を用いて、次のベルヌーイ数を求めましょう。

(1) $B_1$　　(2) $B_2$　　(3) $B_3$　　(4) $B_4$

(1) $B_1=(-1)^1\left[(-1)^1\frac{1!}{2}\left\{ {1 \atop 1} \right\}\right]$

$=\frac{1}{2}\cdot 1=\boxed{\frac{1}{2}}$

（上の式からは $B_1=\frac{1}{2}$ の方が出てきましたね）

(2) $B_2=(-1)^2\left[(-1)^1\frac{1!}{2}\left\{ {2 \atop 1} \right\}+(-1)^2\frac{2!}{3}\left\{ {2 \atop 2} \right\}\right]$

$=-\frac{1}{2}\cdot 1+\frac{2}{3}\cdot 1=\boxed{\frac{1}{6}}$

(3) $B_3=(-1)^3\left[(-1)^1\frac{1!}{2}\left\{ {3 \atop 1} \right\}+(-1)^2\frac{2!}{3}\left\{ {3 \atop 2} \right\}+(-1)^3\frac{3!}{4}\left\{ {3 \atop 3} \right\}\right]$

$=\frac{1}{2}\cdot 1-\frac{2}{3}\cdot 3+\frac{3}{2}\cdot 1$

$=\frac{1}{2}-2+\frac{3}{2}=\boxed{0}$

(4) $B_4$

$=(-1)^4\left[(-1)^1\frac{1!}{2}\left\{ {4 \atop 1} \right\}+(-1)^2\frac{2!}{3}\left\{ {4 \atop 2} \right\}+(-1)^3\frac{3!}{4}\left\{ {4 \atop 3} \right\}+(-1)^4\frac{4!}{5}\left\{ {4 \atop 4} \right\}\right]$

$=-\frac{1}{2}\cdot 1+\frac{2}{3}\cdot 7-\frac{3}{2}\cdot 6+\frac{24}{5}\cdot 1$

$=-\frac{1}{2}+\frac{14}{3}-9+\frac{24}{5}=\boxed{-\frac{1}{30}}$

$$B_0 = 1$$

$$B_1 = \frac{1!}{2}\left\{\begin{matrix}1\\1\end{matrix}\right\}$$

$$B_2 = -\frac{1!}{2}\left\{\begin{matrix}2\\1\end{matrix}\right\} + \frac{2!}{3}\left\{\begin{matrix}2\\2\end{matrix}\right\}$$

$$B_3 = \frac{1!}{2}\left\{\begin{matrix}3\\1\end{matrix}\right\} - \frac{2!}{3}\left\{\begin{matrix}3\\2\end{matrix}\right\} + \frac{3!}{4}\left\{\begin{matrix}3\\3\end{matrix}\right\}$$

$$B_4 = -\frac{1!}{2}\left\{\begin{matrix}4\\1\end{matrix}\right\} + \frac{2!}{3}\left\{\begin{matrix}4\\2\end{matrix}\right\} - \frac{3!}{4}\left\{\begin{matrix}4\\3\end{matrix}\right\} + \frac{4!}{5}\left\{\begin{matrix}4\\4\end{matrix}\right\}$$

$$\left\{\begin{matrix}m\\h\end{matrix}\right\} = \frac{1}{h!}\left\{h^m - \binom{h}{1}(h-1)^m + \binom{h}{2}(h-2)^m - \binom{h}{3}(h-3)^m + \cdots + (-1)^{h-1}\binom{h}{h-1}1^m\right\}$$

$p.88$の式で$n \to m$、$k \to h$とした、上記の第2種スターリング数の「一般項」に置きかえると、$p.215$の式は次のようになります。

**《ベルヌーイ数 $B_m$ $(m \geq 1)$ $\left(B_1 = \frac{1}{2}\right)$》**

$$B_m = (-1)^m \sum_{h=1}^{m} \frac{(-1)^h}{h+1}\left\{h^m - \binom{h}{1}(h-1)^m + \binom{h}{2}(h-2)^m - \cdots + (-1)^{h-1}\binom{h}{h-1}1^m\right\}$$

こちらの式を用いて、もう一度$B_m$を求めてみましょう。

**問** 上の式を用いて、次のベルヌーイ数を求めましょう。

(1) $B_1$　(2) $B_2$　(3) $B_3$　(4) $B_4$

(1) $B_1=(-1)^1\left[(-1)^1\frac{1!}{2}\cdot 1^1\right]$

$$=\frac{1}{2}\cdot 1=\boxed{\frac{1}{2}}$$

（同じく$B_1=\frac{1}{2}$の方が出てきましたね）

(2) $B_2=(-1)^2\left[\frac{(-1)^1}{2}\{1^2\}+\frac{(-1)^2}{3}\left\{2^2-\binom{2}{1}1^2\right\}\right]$

$$=-\frac{1}{2}+\frac{1}{3}\{4-2\cdot 1\}$$

$$=-\frac{1}{2}+\frac{2}{3}=\boxed{\frac{1}{6}}$$

(3) $B_3=(-1)^3\left[\frac{(-1)^1}{2}\{1^3\}+\frac{(-1)^2}{3}\left\{2^3-\binom{2}{1}1^3\right\}+\frac{(-1)^3}{4}\left\{3^3-\binom{3}{1}2^3+\binom{3}{2}1^3\right\}\right]$

$$=\frac{1}{2}\cdot 1-\frac{1}{3}\{8-2\cdot 1\}+\frac{1}{4}\{27-3\cdot 8+3\cdot 1\}$$

$$=\frac{1}{2}-2+\frac{6}{4}=\boxed{0}$$

$$(4)\ B_4=(-1)^4\left[\frac{(-1)^1}{2}\{1^4\}+\frac{(-1)^2}{3}\left\{2^4-\binom{2}{1}1^4\right\}\right.$$
$$+\frac{(-1)^3}{4}\left\{3^4-\binom{3}{1}2^4+\binom{3}{2}1^4\right\}$$
$$\left.+\frac{(-1)^4}{5}\left\{4^4-\binom{4}{1}3^4+\binom{4}{2}2^4-\binom{4}{3}1^4\right\}\right]$$
$$=-\frac{1}{2}\cdot1+\frac{1}{3}\{16-2\cdot1\}-\frac{1}{4}\{81-3\cdot16+3\cdot1\}$$
$$+\frac{1}{5}\{256-4\cdot81+6\cdot16-4\cdot1\}$$
$$=-\frac{1}{2}+\frac{14}{3}-9+\frac{24}{5}=\boxed{-\frac{1}{30}}$$

## 「クラウゼン-フォンシュタウトの定理」を見ていこう

ここで偶数番目のベルヌーイ数の、上記の計算を振り返ってみましょう。着目するのは、最終的な値ではなく途中の計算です。

$$B_2=-\frac{1}{2}+\frac{2}{3}=-\frac{1}{2}+\left(1-\frac{1}{3}\right)=\boxed{1-\frac{1}{2}-\frac{1}{3}}$$

$$B_4=-\frac{1}{2}+\frac{14}{3}-9+\frac{24}{5}$$
$$=-\frac{1}{2}+\left(5-\frac{1}{3}\right)-9+\left(5-\frac{1}{5}\right)$$
$$=\boxed{1-\frac{1}{2}-\frac{1}{3}-\frac{1}{5}}$$

どちらにも「$-\frac{1}{素数}$」が現れていますね。それらは「$+\frac{1}{素数}$」でも、「$-\frac{2}{素数}$」でも、「$-\frac{1}{合成数}$」でもないのです。

この先の$B_{2m}$ $(m \geq 1)$ も、じつは次のように表されます。

$$B_2 = \frac{1}{6} = 1 - \frac{1}{2} - \frac{1}{3}$$

$$B_4 = -\frac{1}{30} = 1 - \frac{1}{2} - \frac{1}{3} - \frac{1}{5}$$

$$B_6 = \frac{1}{42} = 1 - \frac{1}{2} - \frac{1}{3} - \frac{1}{7}$$

$$B_8 = -\frac{1}{30} = 1 - \frac{1}{2} - \frac{1}{3} - \frac{1}{5}$$

$$B_{10} = \frac{5}{66} = 1 - \frac{1}{2} - \frac{1}{3} - \frac{1}{11}$$

$$B_{12} = -\frac{691}{2730} = 1 - \frac{1}{2} - \frac{1}{3} - \frac{1}{5} - \frac{1}{7} - \frac{1}{13}$$

$$B_{14} = \frac{7}{6} = 2 - \frac{1}{2} - \frac{1}{3}$$

$$B_{16} = -\frac{3617}{510} = -6 - \frac{1}{2} - \frac{1}{3} - \frac{1}{5} - \frac{1}{17}$$

$$B_{18} = \frac{43867}{798} = 56 - \frac{1}{2} - \frac{1}{3} - \frac{1}{7} - \frac{1}{19}$$

$$B_{20} = -\frac{174611}{330} = -528 - \frac{1}{2} - \frac{1}{3} - \frac{1}{5} - \frac{1}{11}$$

偶数番目のベルヌーイ数$B_{2m}$ $(m \geq 1)$は、どれも「整数$-\frac{1}{\text{素数}}$ $-\frac{1}{\text{素数}}-\cdots\cdots-\frac{1}{\text{素数}}$」と表されるのです。

驚くのは、このとき現れてくる素数です。

何と$B_{2m}$ $(m \geq 1)$の「$2m$の約数」に着目したとき、「約数＋1」が素数の場合に、その素数が「$-\frac{1}{\text{素数}}$」に現れてくるのです（0は偶数ですが、$B_0=1$です）。

それが下記の「クラウゼン－フォンシュタウトの定理」です。

ちなみに奇数番目のベルヌーイ数は$B_1=\frac{1}{2}$ $\left(B_1^*=-\frac{1}{2}\right)$を除いて、$B_{2m+1}=0$ $(m \geq 1)$です。

**《クラウゼン－フォンシュタウトの定理》** $(m \geq 1)$

$$B_{2m}=I_{2m}-\sum_{\substack{p\text{は素数} \\ p-1 \mid 2m}} \frac{1}{p} \qquad (I_{2m}\text{は整数})$$

$\Sigma$（シグマ）は、$\Sigma$の下に書かれた条件を満たす$p$について、（右横の）$\frac{1}{p}$をたし算する記号です。

その条件の$p-1 \mid 2m$ $(m \geq 1)$は、$p-1$が$2m$を割り切ることを表しています。つまり$p-1$は$2m$の約数です。「$p$は素数、$p-1 \mid 2m$」をまとめると、「$p$は$2m$の約数より1大きな素数」となります。

まずはこの定理を、$B_{10}$を例にして見ていきましょう。

第2種スターリング数（と階乗）を用いて、ベルヌーイ数$B_{10}$を表しましょう。

下記の式で$2m=10$とします。ここで$(-1)^{2m}=1$です。

$$B_{2m}=(-1)^{2m}\sum_{h=1}^{2m}(-1)^h\frac{h!}{h+1}\left\{ {2m \atop h} \right\}$$

$$B_{10}=-\frac{1!}{2}\left\{ {10 \atop 1} \right\}+\frac{2!}{3}\left\{ {10 \atop 2} \right\}-\frac{3!}{4}\left\{ {10 \atop 3} \right\}+\frac{4!}{5}\left\{ {10 \atop 4} \right\}-\frac{5!}{6}\left\{ {10 \atop 5} \right\}$$
$$+\frac{6!}{7}\left\{ {10 \atop 6} \right\}-\frac{7!}{8}\left\{ {10 \atop 7} \right\}+\frac{8!}{9}\left\{ {10 \atop 8} \right\}-\frac{9!}{10}\left\{ {10 \atop 9} \right\}+\frac{10!}{11}\left\{ {10 \atop 10} \right\}$$

上の式に現れた次の分数は、（約分すると）整数であることを確かめましょう。

(1) $\frac{5!}{6}$、$\frac{7!}{8}$、$\frac{9!}{10}$　　(2) $\frac{8!}{9}$

(1) いずれも分母が（異なる2数の積となる）合成数です。ちなみに合成数とは、「1×自分自身」以外のかけ算で表される数です。

$$\frac{5!}{6}=\frac{5!}{3\times2}、\quad \frac{7!}{8}=\frac{7!}{4\times2}、\quad \frac{9!}{10}=\frac{9!}{5\times2}$$

分子の5!、7!、9!には、3×2、4×2、5×2が現れるので、約分すると整数になります。

ちなみに分母が$8=2^3=2^2\times 2^1$、$81=3^4=3^3\times 3^1$のように「(素数の)3乗以上」だと、異なる2数の積となることから、同じく約分すると整数になります。

(2) 分母が「(素数の)2乗」の場合です。

$9=3^2=3\times 3$なので、分子の$8!$に3(の倍数)が2個現れるかどうかが問題となります。でも大丈夫です。$2\times 3\,(=6)<3\times 3\,(=9)$つまり$2\times 3\leq 8$なので、$8!$に3と$2\times 3=6$、つまり3が2個現れるからです。

結論として、分母が「(素数の)2乗」の場合でも、問題となるのは$4=2^2=2\times 2$だけです。このときは$\frac{3!}{4}=\frac{3}{2}$となって、整数ではありません。

つまり$B_{10}$の場合に限れば、(分母が合成数となっている中で)問題になるのは$\frac{3!}{4}\left\{\begin{matrix}10\\3\end{matrix}\right\}=\frac{1}{4}\left\{3^{10}-\binom{3}{1}2^{10}+\binom{3}{2}1^{10}\right\}$だけです。

ここで$\frac{3!}{4}\left\{\begin{matrix}10\\3\end{matrix}\right\}$と限らず、一般の$B_{2m}\,(m\geq 1)$に出てくる$\frac{3!}{4}\left\{\begin{matrix}2m\\3\end{matrix}\right\}$を見ておきましょう。

次の数は(約分すると)整数であることを確認しましょう。

$$\frac{3!}{4}\left\{\begin{matrix}2m\\3\end{matrix}\right\}=\frac{1}{4}\left\{3^{2m}-\binom{3}{1}2^{2m}+\binom{3}{2}1^{2m}\right\}$$

まずは、記号「≡」を導入しておきます。

左辺と右辺が「等しい」とき、「=」(等号)を用いますね。

これに対して、左辺と右辺が「$n$で割った余りが等しい」とき、「≡」(合同の記号)が用いられます。例えば15と2はどちらも「13で割った余りが2」なので、$15 \equiv 2 \pmod{13}$と記されます。modはmodulo(法)の略です。

それでは、問を見ていきましょう。

$3 \equiv -1 \pmod 4$、$2^2 \equiv 0 \pmod 4$より、{ }の中は次のようになります。$2^{2m}=(2^2)^m$です。

$$
\begin{aligned}
3^{2m}-\binom{3}{1}(2^2)^m+\binom{3}{2}1^{2m} &\equiv (-1)^{2m}-3\cdot 0^m+3\cdot 1^{2m} \\
&\equiv 1+3 \equiv 0 \pmod 4
\end{aligned}
$$

つまり、$\frac{1}{4}\left\{3^{2m}-\binom{3}{1}2^{2m}+\binom{3}{2}1^{2m}\right\}$は(約分すると)整数となります。

さて$B_{10}$では、下記の斜線で消した数は整数と判明しました(くれぐれも0ではありません)。分母が合成数となっている数は、分母4を含めて、どれも整数なのです。つまり(消されずに)残った数の分母は、すべて素数です。

$$
\begin{aligned}
B_{10}=&-\frac{1!}{2}\left\{\begin{matrix}10\\1\end{matrix}\right\}+\frac{2!}{3}\left\{\begin{matrix}10\\2\end{matrix}\right\}-\cancel{\frac{3!}{4}\left\{\begin{matrix}10\\3\end{matrix}\right\}}+\frac{4!}{5}\left\{\begin{matrix}10\\4\end{matrix}\right\}-\cancel{\frac{5!}{6}\left\{\begin{matrix}10\\5\end{matrix}\right\}} \\
&+\frac{6!}{7}\left\{\begin{matrix}10\\6\end{matrix}\right\}-\cancel{\frac{7!}{8}\left\{\begin{matrix}10\\7\end{matrix}\right\}}+\cancel{\frac{8!}{9}\left\{\begin{matrix}10\\8\end{matrix}\right\}}-\cancel{\frac{9!}{10}\left\{\begin{matrix}10\\9\end{matrix}\right\}}+\frac{10!}{11}\left\{\begin{matrix}10\\10\end{matrix}\right\}
\end{aligned}
$$

ここで$\dfrac{n!}{n+1}$について確認しておきます。

$(n+1)$が合成数のときは、これまで見てきた通り（$\dfrac{3!}{4}$を除いて）整数です。

$(n+1)$が素数$p$のときは、じつは次のウィルソンの定理から$\dfrac{(p-1)!}{p}$は「整数$-\dfrac{1}{p}$」となります。

《ウィルソンの定理》

$p$が1より大きな整数のとき

$$p\text{が素数} \Longleftrightarrow (p-1)! \equiv -1 \pmod{p}$$

もっとも、今知りたいのは$\dfrac{(p-1)!}{p}\left\{\begin{matrix}2m\\p-1\end{matrix}\right\}$であって、$\dfrac{(p-1)!}{p}$ではありません。$\dfrac{(p-1)!}{p}$が「整数$-\dfrac{1}{p}$」であっても、これを整数倍（$a$倍）すると「整数$-\dfrac{a}{p}$」となってしまいます。

つまり$\dfrac{(p-1)!}{p}\left\{\begin{matrix}2m\\p-1\end{matrix}\right\}$がどうなるかは、整数$\left\{\begin{matrix}2m\\p-1\end{matrix}\right\}$が$\bmod p$で何になるかによって変わってくるのです。

その第2種スターリング数$\left\{\begin{matrix}2m\\p-1\end{matrix}\right\}$は、$p.88$の通りで、$n$、$k$を$n \to 2m$、$k \to p-1$とすると次のようになります。

$$\frac{(p-1)!}{p}\left\{\begin{matrix}2m\\p-1\end{matrix}\right\}=\frac{1}{p}\left\{(p-1)^{2m}-\binom{p-1}{1}(p-2)^{2m}+\cdots\right.$$
$$\left.+(-1)^{(p-1)-1}\binom{p-1}{(p-1)-1}1^{2m}\right\}$$

ここで例を通して、上式を見てみましょう。

**問** 次の数は（約分すると）整数でしょうか。

(1) $\frac{4!}{5}\left\{ {10 \atop 4} \right\} = \frac{1}{5}\left\{ 4^{10} - \binom{4}{1}3^{10} + \binom{4}{2}2^{10} - \binom{4}{3}1^{10} \right\}$

(2) $\frac{10!}{11}\left\{ {10 \atop 10} \right\} = \frac{1}{11}\left\{ 10^{10} - \binom{10}{1}9^{10} + \cdots\cdots - \binom{10}{9}1^{10} \right\}$

$4=(5-1)$、$10=(11-1)$ に着目します。

(1) { } を5で割るので、{ } の中を mod 5で見ていきます。

{ } の中の $\binom{4}{3} = \frac{(5-1)(5-2)(5-3)}{3\cdot 2\cdot 1}$ は、次のようになります。

$$3\cdot 2\cdot 1\binom{4}{3} = (5-1)(5-2)(5-3)$$

$$3\cdot 2\cdot 1\binom{4}{3} \equiv (-1)(-2)(-3) \pmod 5$$

$$3\cdot 2\cdot 1\left\{\binom{4}{3} - (-1)^3\right\} \equiv 0 \pmod 5$$

$3\cdot 2\cdot 1 \not\equiv 0$ より $\binom{4}{3} - (-1)^3 \equiv 0 \pmod 5$

$$\binom{4}{3} \equiv (-1)^3 \pmod 5$$

他も同様で、{ } の中は mod 5で次のようになります。

$$4^{10}-\binom{4}{1}3^{10}+\binom{4}{2}2^{10}-\binom{4}{3}1^{10}$$

$$\equiv 4^{10}-(-1)^{1}3^{10}+(-1)^{2}2^{10}-(-1)^{3}1^{10}$$

$$\equiv 4^{10}+3^{10}+2^{10}+1^{10}$$

いよいよmod 5で「$4^{10}+3^{10}+2^{10}+1^{10}$」を求めます。

このときmod 5の5が素数であることがポイントとなります。

じつはmod $p$の$p$が素数のとき、次のような原始根（生成元）と呼ばれる数$a$が存在するのです。

**《原始根（生成元）の存在》**

$p$が素数のとき、（順不同で）次が成り立つ$a$が存在する。

$1、2、\cdots\cdots、p-1\equiv a^{p-1}(a^0)、a^1、a^2、\cdots\cdots、a^{p-2}\pmod p$

例えばmod 5では、原始根$a$として2や3があります。

$$1\equiv 2^4、2\equiv 2^1、3\equiv 2^3、4\equiv 2^2 \pmod 5$$
$$1\equiv 3^4、2\equiv 3^3、3\equiv 3^1、4\equiv 3^2 \pmod 5$$

$a$が原始根のとき、$a^1\not\equiv 1$、$a^2\not\equiv 1$、…、$a^{p-2}\not\equiv 1$、$a^{p-1}\equiv 1$ $\pmod p$で、続きは$a^p\equiv a^1$、$a^{p+1}\equiv a^2 \pmod p$、…となります。

今の場合、$a$を原始根とすると$a^4\equiv 1\pmod 5$で、$a^{10}=a^4\cdot a^4\cdot a^2\equiv 1\cdot 1\cdot a^2=a^2\not\equiv 1$となり、$a^{10}\not\equiv 1\pmod 5$です。

一般に、$a^n$の$n$が$(p-1)$で割り切れないとき、$a^n\not\equiv 1\pmod p$です。

さてmod 5で「$4^{10}+3^{10}+2^{10}+1^{10}$」を求めるのですが、「4、3、2、1」と「$4a$、$3a$、$2a$、$1a$」は、順序を除いてmod 5で合同です。$ka \equiv ha$ならば$(k-h)a \equiv 0$となり、$a \not\equiv 0$から$(k-h) \equiv 0$つまり$k \equiv h$となるからです。

もちろん、これらを10乗してからたし算しても、mod 5で合同です。

$$(4a)^{10}+(3a)^{10}+(2a)^{10}+(1a)^{10} \equiv 4^{10}+3^{10}+2^{10}+1^{10}$$
$$a^{10}(4^{10}+3^{10}+2^{10}+1^{10}) \equiv (4^{10}+3^{10}+2^{10}+1^{10})$$
$$(4^{10}+3^{10}+2^{10}+1^{10})(a^{10}-1) \equiv 0$$

ところが$a^{10} \not\equiv 1 \pmod{5}$なので、

$$4^{10}+3^{10}+2^{10}+1^{10} \equiv 0 \pmod{5}$$

つまり$\frac{1}{5}\left\{4^{10}-\binom{4}{1}3^{10}+\binom{4}{2}2^{10}-\binom{4}{3}1^{10}\right\}$は整数です。

(2) 同様にして、{ }の中はmod 11で次のようになります。

$$10^{10}-(-1)^{1}9^{10}+(-1)^{2}8^{10}- \cdots\cdots -(-1)^{9}1^{10}$$
$$=10^{10}+9^{10}+8^{10}+\cdots\cdots+1^{10}$$

mod 11の場合も11が素数であることから、原始根を$a$とすると$a^{10} \equiv 1 \pmod{11}$です。

一般に、$a^n$の$n$が$(p-1)$で割り切れるとき、$a^n \equiv 1 \pmod{p}$です。

さて「10、9、…、1」はどれも原始根を用いて「$a^j$」と表されることから、どれも $(a^j)^{10}=(a^{10})^j\equiv1^j\equiv1$ です。

$$10^{10}+9^{10}+8^{10}+\cdots\cdots+1^{10}\equiv1+1+1+\cdots\cdots+1\ (10\text{個の和})$$
$$\equiv10\equiv-1\not\equiv0\ (\mathrm{mod}\ 11)$$

つまり $\frac{1}{11}\left\{10^{10}-\binom{10}{1}9^{10}+\binom{10}{2}8^{10}-\cdots-\binom{10}{9}1^{10}\right\}$ は（約分すると）整数ではありません。

ここで注目すべきは、$\{\ \}$ の中はmod 11で「$-1$」ということです。上で見たように1を10個たして10となり、これは11に「1たりない」のです。このため素数11が「$-\frac{1}{11}$」として現れてくるのです。

**問** $p.224$ の $B_{10}$ において、次の数は（約分すると）「整数」でしょうか。それとも「整数$-\frac{1}{\text{素数}}$」でしょうか。

(1) $-\frac{1!}{2}\left\{\begin{matrix}10\\1\end{matrix}\right\}$　(2) $+\frac{2!}{3}\left\{\begin{matrix}10\\2\end{matrix}\right\}$　(3) $+\frac{4!}{5}\left\{\begin{matrix}10\\4\end{matrix}\right\}$

(4) $+\frac{6!}{7}\left\{\begin{matrix}10\\6\end{matrix}\right\}$　(5) $+\frac{10!}{11}\left\{\begin{matrix}10\\10\end{matrix}\right\}$

まず(1)の $-\frac{1!}{2}\left\{\begin{matrix}10\\1\end{matrix}\right\}$ は $-\frac{1!}{2}\cdot1=-\frac{1}{2}$ で、「$0-\frac{1}{2}$」です。

(3)と(5)は前問で見てきた通り、次のようになっています。

(3)の$+\frac{4!}{5}\left\{\begin{matrix}10\\4\end{matrix}\right\}$は、10が(5−1)で割り切れず「整数」です。

(5)の$+\frac{10!}{11}\left\{\begin{matrix}10\\10\end{matrix}\right\}$は、10が(11−1)で割り切れて「整数$-\frac{1}{11}$」です。

同様に10が($p-1$)で割り切れるか否かを見ていくと、結果は次の通りです((1)については、最初に確認しました)。

(1)「$0-\frac{1}{2}$」　(2) $10\div(3-1)$　(3) $10\div(5-1)$

「整数$-\frac{1}{2}$」　「整数$-\frac{1}{3}$」　「整数」

(4) $10\div(7-1)$　(5) $10\div(11-1)$

「整数」　「整数$-\frac{1}{11}$」

この問と$p.224$から、$B_{10}$は次のように表されることが分かりました。

$$B_{10}=\text{「整数」}-\frac{1}{2}-\frac{1}{3}-\frac{1}{11}$$

同様にして、$p.222$青枠の上の$B_{2m}$ ($m\geq 1$)も「整数$-\frac{1}{\text{素数}}-\frac{1}{\text{素数}}-\cdots\cdots-\frac{1}{\text{素数}}$」と表されることが分かります。

まとめると、素数$p$に着目したとき「$-\frac{1}{p}$」が現れるか否かは、$2m$が($p-1$)で割り切れるか否か(約数かどうか)で決まります。逆に$2m$の約数に着目すると、「**約数+1**」が素数かどうかで決まるということです。

$B_{10}$の10の約数は、「1、2、5、10」です。これに1をたすと「2、3、6、11」ですが、6は素数ではありません。実際、$B_{10}$には$-\frac{1}{2}$、$-\frac{1}{3}$、$-\frac{1}{11}$が現れてきます。

$$B_{10}=\frac{5}{66}=1-\frac{1}{2}-\frac{1}{3}-\frac{1}{11}$$

## 「第2種スターリング数」を素数$p$で割った「余り」

これまでのことから、第2種スターリング数について分かることがあります。それを$B_4$を例にして見ていきましょう。

次の$B_4$において、$-\frac{3!}{4}\left\{\begin{matrix}4\\3\end{matrix}\right\}$は分母4が合成数なので消しておきます（くれぐれも0ではありません）。これは「整数」です。

$$B_4=-\frac{1!}{2}\left\{\begin{matrix}4\\1\end{matrix}\right\}+\frac{2!}{3}\left\{\begin{matrix}4\\2\end{matrix}\right\}-\frac{3!}{\cancel{4}}\left\{\begin{matrix}\cancel{4}\\3\end{matrix}\right\}+\frac{4!}{5}\left\{\begin{matrix}4\\4\end{matrix}\right\}$$

残りは分母が素数ですが、$-\frac{1!}{2}\left\{\begin{matrix}4\\1\end{matrix}\right\}$を例外として、$+\frac{2!}{3}\left\{\begin{matrix}4\\2\end{matrix}\right\}$、$+\frac{4!}{5}\left\{\begin{matrix}4\\4\end{matrix}\right\}$と残りの符号は＋です。$(-1)^{p-1}\frac{(p-1)!}{p}\left\{\begin{matrix}2m\\p-1\end{matrix}\right\}$において$(-1)^{p-1}=+1$なのです。例外の$-\frac{1!}{2}\left\{\begin{matrix}4\\1\end{matrix}\right\}$は、$-\frac{1!}{2}\left\{\begin{matrix}4\\1\end{matrix}\right\}=-\frac{1!}{2}\cdot 1=-\frac{1}{2}$で「$0-\frac{1}{2}$」です。

さて$+\frac{2!}{3}\left\{\begin{matrix}4\\2\end{matrix}\right\}$、$+\frac{4!}{5}\left\{\begin{matrix}4\\4\end{matrix}\right\}$の$\frac{2!}{3}$、$\frac{4!}{5}$ですが、「ウィルソンの定理」より$\frac{2!}{3}=$「整数」$-\frac{1}{3}$、$\frac{4!}{5}=$「整数」$-\frac{1}{5}$です。

一方「クラウゼン－フォンシュタウトの定理」より、$B_4$は次のように表されます。$B_4$の4の約数は「1、2、4」で、これに1をたした「2、3、5」はどれも素数なのです。

$$B_4 = 「整数」 - \frac{1}{2} - \frac{1}{3} - \frac{1}{5}$$

これらを考え合わせると、p.225で見てきた$a$を$\left\{ {4 \atop 2} \right\}$、$\left\{ {4 \atop 4} \right\}$とすれば、次のことが分かります。

$$\left\{ {4 \atop 2} \right\} \equiv 1 \pmod 3、\left\{ {4 \atop 4} \right\} \equiv 1 \pmod 5$$

実際$\left\{ {4 \atop 2} \right\} = 7$、$\left\{ {4 \atop 4} \right\} = 1$で、上記の通りです。

ちなみに$\left\{ {2m \atop 1} \right\} = 1$なので、$\left\{ {2m \atop 1} \right\}$もmod 2で「$\equiv 1$」です。

$$\left\{ {4 \atop 1} \right\} \equiv 1 \pmod 2$$

**問** 次の$\left\{ {12 \atop p-1} \right\}$を**mod** $p$で求めましょう。

(1) $\left\{ {12 \atop 2} \right\} \pmod 3$　　(2) $\left\{ {12 \atop 4} \right\} \pmod 5$

(3) $\left\{ {12 \atop 6} \right\} \pmod 7$　　(4) $\left\{ {12 \atop 12} \right\} \pmod{13}$

分母が合成数の項は「整数」なので、$B_{12}$は次の通りです。

$$B_{12}=「整数」-\frac{1}{2}+\frac{2!}{3}\left\{\begin{matrix}12\\2\end{matrix}\right\}+\frac{4!}{5}\left\{\begin{matrix}12\\4\end{matrix}\right\}+\frac{6!}{7}\left\{\begin{matrix}12\\6\end{matrix}\right\}+\frac{10!}{11}\left\{\begin{matrix}12\\10\end{matrix}\right\}+\frac{12!}{13}\left\{\begin{matrix}12\\12\end{matrix}\right\}$$

一方12の約数は「1、2、3、4、6、12」で、これに1をたした「2、3、4、5、7、13」の中の素数は「2、3、5、7、13」です。「クラウゼン－フォンシュタウトの定理」より、$B_{12}$は次のように表されます。

$$B_{12}=「整数」-\frac{1}{2}-\frac{1}{3}-\frac{1}{5}-\frac{1}{7}-\frac{1}{13}$$

「ウィルソンの定理」から$\frac{(p-1)!}{p}=「整数」-\frac{1}{p}$（$p$は素数）なので、上記と考え合わせると(1)(2)(3)(4)はどれも(mod $p$)で[1]となっています。

実際、次の通りです。

$$\left\{\begin{matrix}12\\2\end{matrix}\right\}=2047 \quad \Rightarrow \quad 2047\div 3=682 \text{ 余り } 1$$

$$\left\{\begin{matrix}12\\4\end{matrix}\right\}=611501 \quad \Rightarrow \quad 611501\div 5=122300 \text{ 余り } 1$$

$$\left\{\begin{matrix}12\\6\end{matrix}\right\}=1323652 \quad \Rightarrow \quad 1323652\div 7=189093 \text{ 余り } 1$$

$$\left\{\begin{matrix}12\\12\end{matrix}\right\}=1 \quad \Rightarrow \quad 1\div 13=0 \text{ 余り } 1$$

ちなみに分母が素数でも、$\frac{10!}{11}\left\{\begin{matrix}12\\10\end{matrix}\right\}$は「整数」です。11は12の「**約数＋1**」ではないのです。もちろん11は10!を割り切るはずも

なく、$\left\{ {12 \atop 10} \right\}$の方を割り切ります。実際 $\left\{ {12 \atop 10} \right\}=1705$で、$1705 \div 11 = 155$余り$0$です。

また $\left\{ {2m \atop 1} \right\}=1$なので、$\left\{ {12 \atop 1} \right\} \equiv 1 \pmod 2$です。

**《$\left\{ {2m \atop p-1} \right\}$を素数$p$で割った「余り」》**

$p$が$2m$の「約数+1」となっている素数のとき

$$\left\{ {2m \atop p-1} \right\} \equiv 1 \pmod p$$

$p$が$2m$の「約数+1」となっていない素数のとき

$$\left\{ {2m \atop p-1} \right\} \equiv 0 \pmod p$$

**問** 次の割り算の「余り」を求めましょう。

(1) $\left\{ {10 \atop 1} \right\} \div 2$　(2) $\left\{ {10 \atop 2} \right\} \div 3$　(3) $\left\{ {10 \atop 4} \right\} \div 5$

(4) $\left\{ {10 \atop 6} \right\} \div 7$　(5) $\left\{ {10 \atop 10} \right\} \div 11$

10の約数は「1、2、5、10」で、これに1をたした「2、3、6、11」の中の素数は「2、3、11」です。

(1)(2)(5)は余り1 となり、(3)(4)は余り0 となります。

実際、次の通りです。

(1) $\left\{ \begin{matrix} 10 \\ 1 \end{matrix} \right\} = 1 \quad \Rightarrow \quad 1 \div 2 = 0$ 余り 1

(2) $\left\{ \begin{matrix} 10 \\ 2 \end{matrix} \right\} = 511 \quad \Rightarrow \quad 511 \div 3 = 170$ 余り 1

(3) $\left\{ \begin{matrix} 10 \\ 4 \end{matrix} \right\} = 34105 \quad \Rightarrow \quad 34105 \div 5 = 6821$ 余り 0

(4) $\left\{ \begin{matrix} 10 \\ 6 \end{matrix} \right\} = 22827 \quad \Rightarrow \quad 22827 \div 7 = 3261$ 余り 0

(5) $\left\{ \begin{matrix} 10 \\ 10 \end{matrix} \right\} = 1 \quad \Rightarrow \quad 1 \div 11 = 0$ 余り 1

## 偶数番目のベルヌーイ数 $B_{2n}$ の「分母」を見てみよう

一見デタラメに見えるベルヌーイ数ですが、じつは分母に関しては解決済みです。

$$
\begin{array}{llll}
B_0 = 1 & , B_1 = \frac{1}{2} & , B_2 = \frac{1}{6} & , B_3 = 0 \\
B_4 = -\frac{1}{30} & , B_5 = 0 & , B_6 = \frac{1}{42} & , B_7 = 0 \\
B_8 = -\frac{1}{30} & , B_9 = 0 & , B_{10} = \frac{5}{66} & , B_{11} = 0 \\
B_{12} = -\frac{691}{2730} & , B_{13} = 0 & , B_{14} = \frac{7}{6} & , B_{15} = 0 \\
B_{16} = -\frac{3617}{510} & , B_{17} = 0 & , B_{18} = \frac{43867}{798} & , B_{19} = 0
\end{array}
$$

奇数番目のベルヌーイ数 $B_{2m+1}$ は、$B_1$ を除いて0です。

偶数番目のベルヌーイ数 $B_{2m}$ の分母は、「クラウゼン－フォンシュタウトの定理」で解決したことになります。$B_{2m}$の分母は「$2m$の約数より1大きな素数の積」となっているのです。

$$B_2=\frac{1}{6}\quad =1-\frac{1}{2}-\frac{1}{3}\qquad \Rightarrow \quad 6=2\cdot 3$$

（2の約数は「1、2」で、"+1で素数"は「2、3」）

$$B_4=-\frac{1}{30}=1-\frac{1}{2}-\frac{1}{3}-\frac{1}{5}\quad \Rightarrow \quad 30=2\cdot 3\cdot 5$$

（4の約数は「1、2、4」で、"+1で素数"は「2、3、5」）

$$B_6=\frac{1}{42}\quad =1-\frac{1}{2}-\frac{1}{3}-\frac{1}{7}\quad \Rightarrow \quad 42=2\cdot 3\cdot 7$$

（6の約数は「1、2、3、6」で、"+1で素数"は「2、3、7」）

$$B_8=-\frac{1}{30}=1-\frac{1}{2}-\frac{1}{3}-\frac{1}{5}\quad \Rightarrow \quad 30=2\cdot 3\cdot 5$$

（8の約数は「1、2、4、8」で、"+1で素数"は「2、3、5」）

$$B_{10}=\frac{5}{66}\quad =1-\frac{1}{2}-\frac{1}{3}-\frac{1}{11}\quad \Rightarrow \quad 66=2\cdot 3\cdot 11$$

（10の約数は「1、2、5、10」で、"+1で素数"は「2、3、11」）

## 「整数$-\frac{1}{素数}-\frac{1}{素数}-\cdots-\frac{1}{素数}$」の「整数」を求めよう

$B_{28}=-\frac{23749461029}{870}$を「整数$-\frac{1}{素数}-\frac{1}{素数}-\cdots-\frac{1}{素数}$」の形に表してみましょう。

28の約数は、$28=2^2\times 7^1$から次の通りです（$a^0=1$）。

$$2^0\times7^0=1、2^1\times7^0=2、\ 2^2\times7^0=4$$
$$2^0\times7^1=7、2^1\times7^1=14、2^2\times7^1=28$$

これらに1をたすと「2、3、5、8、15、29」ですが、この中の素数は「2、3、5、29」です。「クラウゼン－フォンシュタウトの定理」より、$B_{28}$は次のように表されます。

$$B_{28}=-\frac{23749461029}{870}=「整数」-\frac{1}{2}-\frac{1}{3}-\frac{1}{5}-\frac{1}{29}$$

問題は、「整数」部分が何かですね。

 上記の$B_{28}$において、「整数」を求めましょう。

**【方法1】**（方程式を解く）

今回は右辺の項数が少ないので、「整数」を$x$とした方程式を解きます。両辺を$870=2\cdot3\cdot5\cdot29$倍すると、

$$-23749461029=870x-3\cdot5\cdot29-2\cdot5\cdot29-2\cdot3\cdot29-2\cdot3\cdot5$$

となり、これを解くと、$x=\boxed{-27298230}$と求まります。

**【方法2】**（小数に直す）

もっとお手軽な方法は、小数に直すことです。

$$-\frac{23749461029}{870}=-27298231.0678\cdots\cdots$$

$$-\frac{1}{2}-\frac{1}{3}-\frac{1}{5}-\frac{1}{29}=-1.0678\cdots\cdots$$

これより、

$$\begin{aligned}-\frac{23749461029}{870}&=-27298231.0678\cdots\cdots\\&=-27298230+(-1.0678\cdots\cdots)\\&=-27298230+\left(-\frac{1}{2}-\frac{1}{3}-\frac{1}{5}-\frac{1}{29}\right)\\&=\boxed{-27298230}-\frac{1}{2}-\frac{1}{3}-\frac{1}{5}-\frac{1}{29}\end{aligned}$$

じつは$B_{2m}$の「$2m$の約数」のときの結果を用いて、「整数」を見つけることができます。この方法では、「$2m$」が小さい方から順に求めていくことになります。

**問** $B_{14}=\frac{7}{6}=2-\frac{1}{2}-\frac{1}{3}$を用いて、$B_{28}=-\frac{23749461029}{870}$を「整数$-\frac{1}{素数}-\frac{1}{素数}-\cdots-\frac{1}{素数}$」の形に表しましょう。

$B_{14}$の「14」は、$B_{28}$の「28」の約数であることに着目です。

まず、$B_{28}=-\frac{23749461029}{870}=-27298231+\frac{-59}{870}$です。

一方、$B_{14}=\frac{7}{6}=1+\frac{1}{6}=2-\frac{1}{2}-\frac{1}{3}$より、$\frac{1}{6}=1-\frac{1}{2}-\frac{1}{3}$です。

「28の約数」は、「14の約数」もすべて含んでいることから、

$$\frac{-59}{870}=\frac{-59}{6\cdot 145}=\left(\frac{1}{6}-\frac{x}{145}\right)$$

として、まずは$x$を求めてみます。

$$-59=145-6x$$

$$6x=204$$

$$x=34$$

これから$B_{28}$は、次のようになります。

$$B_{28}=-\frac{23749461029}{870}=-27298231+\frac{-59}{870}$$

$$=-27298231+\left(\frac{1}{6}-\frac{34}{145}\right)$$

$$=-27298231+1-\frac{1}{2}-\frac{1}{3}-\frac{34}{5\cdot 29}$$

$$=-27298231+1-\frac{1}{2}-\frac{1}{3}-\left(\frac{1}{5}+\frac{1}{29}\right)$$

$$=\boxed{-27298230-\frac{1}{2}-\frac{1}{3}-\frac{1}{5}-\frac{1}{29}}$$

## 「ベルヌーイ数」と「スターリング数」が絡んだ式

$p$.151で、「べき乗和」($k$乗和) $S_k(n)$ はベルヌーイ数を用いて表されることを見てきましたね。〈$p$.243も参照〉

ここからは、「ベルヌーイ数」と「スターリング数」が入った関係式を見ていくことにしましょう。

このとき用いるのが、またしても「積和の公式」です。

$$1\cdot2\cdot3+2\cdot3\cdot4+3\cdot4\cdot5+\cdots\cdots+n(n+1)(n+2)$$
$$=\frac{1}{4}n(n+1)(n+2)(n+3)$$

まず左辺は$x(x+1)(x+2)$、右辺は$x(x+1)(x+2)(x+3)$の形からなることに着目します。

$$x(x+1)(x+2)=2x+3x^2+1x^3$$
$$x(x+1)(x+2)(x+3)=6x+11x^2+6x^3+1x^4$$

これらの係数は、第1種スターリング数です。

$$\begin{bmatrix}3\\1\end{bmatrix}=2、\begin{bmatrix}3\\2\end{bmatrix}=3、\begin{bmatrix}3\\3\end{bmatrix}=1$$
$$\begin{bmatrix}4\\1\end{bmatrix}=6、\begin{bmatrix}4\\2\end{bmatrix}=11、\begin{bmatrix}4\\3\end{bmatrix}=6、\begin{bmatrix}4\\4\end{bmatrix}=1$$

すると上の「積和の公式」の「両辺」は、次の通りです。

$$\sum_{x=1}^{n}x(x+1)(x+2)=\frac{1}{4}\left\{\begin{bmatrix}4\\1\end{bmatrix}n+\begin{bmatrix}4\\2\end{bmatrix}n^2+\begin{bmatrix}4\\3\end{bmatrix}n^3+\begin{bmatrix}4\\4\end{bmatrix}n^4\right\}$$

この「左辺」は、次のようになります。

$$\sum_{x=1}^{n}x(x+1)(x+2)=\sum_{x=1}^{n}\left\{\begin{bmatrix}3\\1\end{bmatrix}x+\begin{bmatrix}3\\2\end{bmatrix}x^2+\begin{bmatrix}3\\3\end{bmatrix}x^3\right\}$$

$$= \begin{bmatrix}3\\1\end{bmatrix}\sum_{x=1}^{n}x + \begin{bmatrix}3\\2\end{bmatrix}\sum_{x=1}^{n}x^2 + \begin{bmatrix}3\\3\end{bmatrix}\sum_{x=1}^{n}x^3$$

$$= \begin{bmatrix}3\\1\end{bmatrix}S_1(n) + \begin{bmatrix}3\\2\end{bmatrix}S_2(n) + \begin{bmatrix}3\\3\end{bmatrix}S_3(n)$$

ここで「べき乗和の公式」です（上に続けて書いていきます）。

$$\begin{aligned} = \quad & \begin{bmatrix}3\\1\end{bmatrix}\frac{1}{2}(B_0n^2 + 2B_1n) \\ & + \begin{bmatrix}3\\2\end{bmatrix}\frac{1}{3}(B_0n^3 + 3B_1n^2 + 3B_2n) \\ & + \begin{bmatrix}3\\3\end{bmatrix}\frac{1}{4}(B_0n^4 + 4B_1n^3 + 6B_2n^2 + 4B_3n) \end{aligned}$$

いよいよ $p.240$ の「両辺」の係数を比べていきます。ちなみに「左辺」は上の式です。紙面の都合で、【$n^4$ の係数】は省略します。

**【$n$ の係数】** $\left(\begin{bmatrix}4\\1\end{bmatrix} = 3!\right.$ を用います$\left.\right)$

$$\begin{bmatrix}3\\1\end{bmatrix}\frac{1}{2}\cdot 2B_1 + \begin{bmatrix}3\\2\end{bmatrix}\frac{1}{3}\cdot 3B_2 + \begin{bmatrix}3\\3\end{bmatrix}\frac{1}{4}\cdot 4B_3 = \frac{1}{4}\cdot\begin{bmatrix}4\\1\end{bmatrix}$$

$$B_1\begin{bmatrix}3\\1\end{bmatrix} + B_2\begin{bmatrix}3\\2\end{bmatrix} + B_3\begin{bmatrix}3\\3\end{bmatrix} = \frac{1}{4}\cdot 3!$$

**【$n^2$ の係数】** （二項係数に戻しています）

$$\begin{bmatrix}3\\1\end{bmatrix}\frac{1}{2}\cdot\binom{2}{0}B_0 + \begin{bmatrix}3\\2\end{bmatrix}\frac{1}{3}\cdot\binom{3}{1}B_1 + \begin{bmatrix}3\\3\end{bmatrix}\frac{1}{4}\cdot\binom{4}{2}B_2 = \frac{1}{4}\cdot\begin{bmatrix}4\\2\end{bmatrix}$$

$$\frac{1}{2}\cdot\binom{2}{0}B_0\begin{bmatrix}3\\1\end{bmatrix} + \frac{1}{3}\cdot\binom{3}{1}B_1\begin{bmatrix}3\\2\end{bmatrix} + \frac{1}{4}\cdot\binom{4}{2}B_2\begin{bmatrix}3\\3\end{bmatrix} = \frac{1}{4}\begin{bmatrix}4\\2\end{bmatrix}$$

**【$n^3$の係数】** (二項係数に戻しています)

$$\begin{bmatrix}3\\2\end{bmatrix}\frac{1}{3}\cdot\binom{3}{0}B_0+\begin{bmatrix}3\\3\end{bmatrix}\frac{1}{4}\cdot\binom{4}{1}B_1=\frac{1}{4}\cdot\begin{bmatrix}4\\3\end{bmatrix}$$

$$\frac{1}{3}\binom{3}{0}B_0\begin{bmatrix}3\\2\end{bmatrix}+\frac{1}{4}\binom{4}{1}B_1\begin{bmatrix}3\\3\end{bmatrix}=\frac{1}{4}\begin{bmatrix}4\\3\end{bmatrix}$$

こうして見てみると、「$n$の係数」から出てきた次の式には、二項係数が含まれていません。「ベルヌーイ数」と「第1種スターリング数」だけが入った関係式となっています。

$$B_1\begin{bmatrix}3\\1\end{bmatrix}+B_2\begin{bmatrix}3\\2\end{bmatrix}+B_3\begin{bmatrix}3\\3\end{bmatrix}=\frac{1}{4}\cdot 3!$$

一般の「積和の公式」を用いて「$n$の係数」を比べると、同様な関係式が出てきます。〈$B_1^*=-\frac{1}{2}$の場合は$p.246$参照〉

**《「ベルヌーイ数」と「第1種スターリング数」$\left(B_1=\frac{1}{2}\right)$》**

$$B_1\begin{bmatrix}n\\1\end{bmatrix}+B_2\begin{bmatrix}n\\2\end{bmatrix}+B_3\begin{bmatrix}n\\3\end{bmatrix}+\cdots\cdots+B_n\begin{bmatrix}n\\n\end{bmatrix}=\frac{n!}{n+1}$$

ここで$\frac{n!}{n+1}$は次の通り

・$(n+1)$が合成数のとき、「$\frac{3!}{4}=2-\frac{1}{2}$」を除いて「整数」

・$(n+1)$が素数$p$のとき、「整数$-\frac{1}{p}$」

スターリング数とベルヌーイ数が絡んだ式では、少々面倒なことがあります。$p.119$で断ったように、1番目のベルヌーイ数は$B_1^* = -\frac{1}{2}$とすることも多いからです。この場合は、$B_1 = \frac{1}{2}$として見てきた場合と、何がどう変わってくるのでしょうか。

まず、「べき乗和の公式」が変わります。このため途中でこの公式を用いた場合は、その結果も変わってきます。

$B_1 = \frac{1}{2}$の場合の「べき乗和の公式」は、「ファウルハーバーの公式」とも呼ばれていて、次の通りです。〈$p.151$参照〉

**《ファウルハーバーの公式 $\left(B_1 = \frac{1}{2}\right)$》**

$$S_{k-1}(n) = \frac{1}{k}\left[\binom{k}{0}B_0 n^k + \binom{k}{1}B_1 n^{k-1} + \binom{k}{2}B_2 n^{k-2} + \cdots \right.$$
$$\left. \cdots + \binom{k}{k-1}B_{k-1} n\right]$$

($B_0$、$B_1$、$B_2$、……、$B_{k-1}$はベルヌーイ数)

ここで$\binom{k}{k-1} = \binom{k}{1} = k$です。確かに$S_{k-1}(n)$の「$n$の係数」は$\frac{1}{k} \times kB_{k-1} = B_{k-1}$となっていますね。

さて$B_1^* = -\frac{1}{2}$の場合の「べき乗和の公式」は、ファウルハーバーの公式に$B_1 = \frac{1}{2} = 1 + \left(-\frac{1}{2}\right) = 1 + B_1^*$を代入して、$\frac{1}{k} \times kn^{k-1} = n^{k-1}$を移項すれば、左辺が次のようになります。

$$S_{k-1}(n) - n^{k-1} = (1^{k-1} + 2^{k-1} + \cdots + \cancel{n^{k-1}}) - \cancel{n^{k-1}} = S_{k-1}(n-1)$$

《「べき乗和の公式」$\left(B_1^* = -\frac{1}{2}\right)$》

$$S_{k-1}(n-1) = \frac{1}{k}\left[\binom{k}{0}B_0 n^k + \binom{k}{1}B_1^* n^{k-1} + \binom{k}{2}B_2 n^{k-2} + \cdots + \binom{k}{k-1}B_{k-1} n\right]$$

（$B_0$、$B_1^*$、$B_2$、……、$B_{k-1}$はベルヌーイ数）

この場合も、$S_{k-1}(n-1)$を表す多項式の「$n$の係数」は$\frac{1}{k} \times kB_{k-1} = B_{k-1}$となっていますね。

それでは、スターリング数とベルヌーイ数が絡んだ式を見ていきましょう。

まず$B_1 = \frac{1}{2}$の場合に、次のような関係式を見てきました。

$$B_1\begin{bmatrix}3\\1\end{bmatrix} + B_2\begin{bmatrix}3\\2\end{bmatrix} + B_3\begin{bmatrix}3\\3\end{bmatrix} = \frac{3!}{4}$$

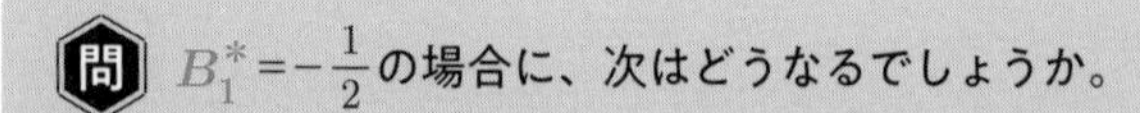

問　$B_1^* = -\frac{1}{2}$の場合に、次はどうなるでしょうか。

$$B_1^*\begin{bmatrix}3\\1\end{bmatrix} + B_2\begin{bmatrix}3\\2\end{bmatrix} + B_3\begin{bmatrix}3\\3\end{bmatrix}$$

答えがどうなるかは、計算すれば分かります。

$$B_1^* \begin{bmatrix} 3 \\ 1 \end{bmatrix} + B_2 \begin{bmatrix} 3 \\ 2 \end{bmatrix} + B_3 \begin{bmatrix} 3 \\ 3 \end{bmatrix} = \left(-\frac{1}{2}\right) \cdot 2 + \frac{1}{6} \cdot 3 + 0 \cdot 1$$

$$= -1 + \frac{1}{2} + 0 = \boxed{-\frac{1}{2}}$$

でも、これでは一般化が望めません。そこで振り出しに戻って見ていきましょう。

$B_1^* = -\frac{1}{2}$の「べき乗和の公式」は、$S_{k-1}(n)$ではなく$S_{k-1}(n-1)$です。そこでp.240の「積和の公式」で、「$n$項まで」の和ではなく「$(n-1)$項まで」の和とすると、次のようになります。

$$1 \cdot 2 \cdot 3 + 2 \cdot 3 \cdot 4 + 3 \cdot 4 \cdot 5 + \cdots\cdots + (n-1)n(n+1)$$

$$= \frac{1}{4}(n-1)n(n+1)(n+2)$$

つまり、次の通りです。

$$\sum_{x=1}^{n-1} x(x+1)(x+2) = \frac{1}{4}(n-1)n(n+1)(n+2)$$

$$\sum_{x=1}^{n-1} \left\{ \begin{bmatrix} 3 \\ 1 \end{bmatrix} x + \begin{bmatrix} 3 \\ 2 \end{bmatrix} x^2 + \begin{bmatrix} 3 \\ 3 \end{bmatrix} x^3 \right\} = \frac{1}{4}(n-1)n(n+1)(n+2)$$

$$\begin{bmatrix} 3 \\ 1 \end{bmatrix} \sum_{x=1}^{n-1} x + \begin{bmatrix} 3 \\ 2 \end{bmatrix} \sum_{x=1}^{n-1} x^2 + \begin{bmatrix} 3 \\ 3 \end{bmatrix} \sum_{x=1}^{n-1} x^3 = \frac{1}{4}(n-1)n(n+1)(n+2)$$

$$\begin{bmatrix} 3 \\ 1 \end{bmatrix} S_1(n-1) + \begin{bmatrix} 3 \\ 2 \end{bmatrix} S_2(n-1) + \begin{bmatrix} 3 \\ 3 \end{bmatrix} S_3(n-1)$$

$$= \frac{1}{4}(n-1)n(n+1)(n+2)$$

ここで、両辺の「$n$の係数」を比べます。

$$\begin{bmatrix}3\\1\end{bmatrix}B_1^* + \begin{bmatrix}3\\2\end{bmatrix}B_2 + \begin{bmatrix}3\\3\end{bmatrix}B_3 = \frac{1}{4}(-1)\cdot 1\cdot 2$$

$$B_1^* \begin{bmatrix}3\\1\end{bmatrix} + B_2 \begin{bmatrix}3\\2\end{bmatrix} + B_3 \begin{bmatrix}3\\3\end{bmatrix} = \boxed{-\frac{2!}{4} = -\frac{1}{2}}$$

同様にして、一般には次のようになります。

**《「ベルヌーイ数」と「第1種スターリング数」$\left(B_1^* = -\frac{1}{2}\right)$》**

$$B_1^* \begin{bmatrix}n\\1\end{bmatrix} + B_2 \begin{bmatrix}n\\2\end{bmatrix} + B_3 \begin{bmatrix}n\\3\end{bmatrix} + \cdots\cdots + B_n \begin{bmatrix}n\\n\end{bmatrix} = -\frac{(n-1)!}{n+1}$$

ところで、上の式にはベルヌーイ数$B_0 = 1$が入っていません。それでは、$B_0 = 1$が入った式はどうなってくるのでしょうか。

**問** $B_1^* = -\frac{1}{2}$**の場合に、次はどうなるのでしょうか。**

$$B_0 \begin{bmatrix}4\\1\end{bmatrix} + B_1^* \begin{bmatrix}4\\2\end{bmatrix} + B_2 \begin{bmatrix}4\\3\end{bmatrix} + B_3 \begin{bmatrix}4\\4\end{bmatrix}$$

これも答えがどうなるかは、計算すれば分かります。

$$B_0 \begin{bmatrix}4\\1\end{bmatrix} + B_1^* \begin{bmatrix}4\\2\end{bmatrix} + B_2 \begin{bmatrix}4\\3\end{bmatrix} + B_3 \begin{bmatrix}4\\4\end{bmatrix}$$

$$=1\cdot 6+\left(-\frac{1}{2}\right)\cdot 11+\frac{1}{6}\cdot 6+0\cdot 1$$
$$=6-\frac{11}{2}+1+0=\boxed{\frac{3}{2}}$$

それでは、今回も一般化を目指しましょう。

$p.240$の「積和の公式」の左辺は、次の通りです。

$$1\cdot 2\cdot 3+2\cdot 3\cdot 4+3\cdot 4\cdot 5+\cdots\cdots+n(n+1)(n+2)$$

これは $\displaystyle\sum_{x=1}^{n}x(x+1)(x+2)$ ではなく、$\displaystyle\sum_{x=0}^{n-1}(x+1)(x+2)(x+3)$ とすることもできます。

すると「積和の公式」は、次のようになります（この先、Σの下が「$x=0$」か「$x=1$」かに注意しましょう）。

$$\sum_{x=0}^{n-1}(x+1)(x+2)(x+3)=\frac{1}{4}n(n+1)(n+2)(n+3)\quad\cdots\quad(\bigstar)$$

ここで用いるのが、次の（下の方の）式です。

$$x(x+1)(x+2)(x+3)=\begin{bmatrix}4\\1\end{bmatrix}x+\begin{bmatrix}4\\2\end{bmatrix}x^2+\begin{bmatrix}4\\3\end{bmatrix}x^3+\begin{bmatrix}4\\4\end{bmatrix}x^4$$

$$\Rightarrow (x+1)(x+2)(x+3)=\begin{bmatrix}4\\1\end{bmatrix}+\begin{bmatrix}4\\2\end{bmatrix}x+\begin{bmatrix}4\\3\end{bmatrix}x^2+\begin{bmatrix}4\\4\end{bmatrix}x^3$$

すると（★）の左辺は、次のようになります。

$$\sum_{x=0}^{n-1}(x+1)(x+2)(x+3)$$

$$=\sum_{x=0}^{n-1}\left\{\begin{bmatrix}4\\1\end{bmatrix}+\begin{bmatrix}4\\2\end{bmatrix}x+\begin{bmatrix}4\\3\end{bmatrix}x^2+\begin{bmatrix}4\\4\end{bmatrix}x^3\right\}$$

$$=\begin{bmatrix}4\\1\end{bmatrix}\sum_{x=0}^{n-1}1+\begin{bmatrix}4\\2\end{bmatrix}\sum_{x=1}^{n-1}x+\begin{bmatrix}4\\3\end{bmatrix}\sum_{x=1}^{n-1}x^2+\begin{bmatrix}4\\4\end{bmatrix}\sum_{x=1}^{n-1}x^3$$

($x=0$のとき$x$、$x^2$、$x^3$は0なので和に影響なし)

$$=\begin{bmatrix}4\\1\end{bmatrix}S_0(n)+\begin{bmatrix}4\\2\end{bmatrix}S_1(n-1)+\begin{bmatrix}4\\3\end{bmatrix}S_2(n-1)+\begin{bmatrix}4\\4\end{bmatrix}S_3(n-1)$$

いよいよ、$p.247$(★)の両辺の「$n$の係数」を比べます。ちなみに$S_0(n)=1n$です($B_0=1$)。

$$\begin{bmatrix}4\\1\end{bmatrix}B_0+\begin{bmatrix}4\\2\end{bmatrix}B_1^*+\begin{bmatrix}4\\3\end{bmatrix}B_2+\begin{bmatrix}4\\4\end{bmatrix}B_3=\frac{1}{4}\cdot1\cdot2\cdot3$$

$$B_0\begin{bmatrix}4\\1\end{bmatrix}+B_1^*\begin{bmatrix}4\\2\end{bmatrix}+B_2\begin{bmatrix}4\\3\end{bmatrix}+B_3\begin{bmatrix}4\\4\end{bmatrix}=\boxed{\frac{3!}{4}=\frac{3}{2}}$$

同様にして、一般に次のようになります。

**《「ベルヌーイ数」と「第1種スターリング数」$\left(B_1^*=-\frac{1}{2}\right)$》**

$$B_0\begin{bmatrix}n+1\\0+1\end{bmatrix}+B_1^*\begin{bmatrix}n+1\\1+1\end{bmatrix}+B_2\begin{bmatrix}n+1\\2+1\end{bmatrix}+\cdots+B_n\begin{bmatrix}n+1\\n+1\end{bmatrix}=\frac{n!}{n+1}$$

さてこの式は $B_1^* = -\frac{1}{2}$ の場合です。それでは、$B_1 = \frac{1}{2}$ の場合はどうなるのでしょうか。

 $B_1 = \frac{1}{2}$ の場合に、次はどうなるのでしょうか。

$$B_0 \begin{bmatrix} 4 \\ 1 \end{bmatrix} + B_1 \begin{bmatrix} 4 \\ 2 \end{bmatrix} + B_2 \begin{bmatrix} 4 \\ 3 \end{bmatrix} + B_3 \begin{bmatrix} 4 \\ 4 \end{bmatrix}$$

答えは、計算すれば分かります。

$$\begin{aligned} & B_0 \begin{bmatrix} 4 \\ 1 \end{bmatrix} + B_1 \begin{bmatrix} 4 \\ 2 \end{bmatrix} + B_2 \begin{bmatrix} 4 \\ 3 \end{bmatrix} + B_3 \begin{bmatrix} 4 \\ 4 \end{bmatrix} \\ &= 1 \cdot 6 + \frac{1}{2} \cdot 11 + \frac{1}{6} \cdot 6 + 0 \cdot 1 \\ &= 6 + \frac{11}{2} + 1 + 0 = \boxed{\frac{25}{2}} \end{aligned}$$

それでは、今回も一般化を目指しましょう。

$p.240$ の「積和の公式」で、$(n+1)$ 項までの和を見てみます。

$$1 \cdot 2 \cdot 3 + 2 \cdot 3 \cdot 4 + 3 \cdot 4 \cdot 5 + \cdots\cdots + (n+1)(n+2)(n+3)$$
$$= \frac{1}{4}(n+1)(n+2)(n+3)(n+4)$$

$$\sum_{x=0}^{n} (x+1)(x+2)(x+3) = \frac{1}{4}(n+1)(n+2)(n+3)(n+4)$$

ここで $(x+1)(x+2)(x+3)$ は $p.247$ 下の通りで、左辺は次のようになります。

$$\sum_{x=0}^{n}\left\{\begin{bmatrix}4\\1\end{bmatrix}+\begin{bmatrix}4\\2\end{bmatrix}x+\begin{bmatrix}4\\3\end{bmatrix}x^2+\begin{bmatrix}4\\4\end{bmatrix}x^3\right\}$$

$$=\begin{bmatrix}4\\1\end{bmatrix}\sum_{x=0}^{n}1+\begin{bmatrix}4\\2\end{bmatrix}\sum_{x=1}^{n}x+\begin{bmatrix}4\\3\end{bmatrix}\sum_{x=1}^{n}x^2+\begin{bmatrix}4\\4\end{bmatrix}\sum_{x=1}^{n}x^3$$

$$=\begin{bmatrix}4\\1\end{bmatrix}S_0(n+1)+\begin{bmatrix}4\\2\end{bmatrix}S_1(n)+\begin{bmatrix}4\\3\end{bmatrix}S_2(n)+\begin{bmatrix}4\\4\end{bmatrix}S_3(n)$$

ここで、$p.249$ 下の両辺の「$n$ の係数」を比べます。ちなみに $S_0(n+1)=1n+1$ なので「$n$ の係数」は $1$ です ($B_0=1$)。

$$\begin{bmatrix}4\\1\end{bmatrix}B_0+\begin{bmatrix}4\\2\end{bmatrix}B_1+\begin{bmatrix}4\\3\end{bmatrix}B_2+\begin{bmatrix}4\\4\end{bmatrix}B_3$$

$$=\frac{1}{4}(2\cdot3\cdot4+1\cdot3\cdot4+1\cdot2\cdot4+1\cdot2\cdot3)$$

$$=\frac{1}{4}\left(\frac{4!}{1}+\frac{4!}{2}+\frac{4!}{3}+\frac{4!}{4}\right)$$

$$=\frac{4!}{4}\left(\frac{1}{1}+\frac{1}{2}+\frac{1}{3}+\frac{1}{4}\right)$$

$$=\boxed{3!\left(\frac{1}{1}+\frac{1}{2}+\frac{1}{3}+\frac{1}{4}\right)=\frac{25}{2}}$$

同様にして、一般に次のようになります。

**《「ベルヌーイ数」と「第1種スターリング数」$\left(B_1=\frac{1}{2}\right)$》**

$$B_0\begin{bmatrix}n+1\\0+1\end{bmatrix}+B_1\begin{bmatrix}n+1\\1+1\end{bmatrix}+B_2\begin{bmatrix}n+1\\2+1\end{bmatrix}+\cdots+B_n\begin{bmatrix}n+1\\n+1\end{bmatrix}$$

$$=n!\left(\frac{1}{1}+\frac{1}{2}+\frac{1}{3}+\cdots\cdots+\frac{1}{n+1}\right)$$

さて$p.215$下の次の式から出てくる$B_1$は、$B_1=\frac{1}{2}$でした。

$$B_m=(-1)^m\sum_{h=1}^{m}(-1)^h\frac{h!}{h+1}\begin{Bmatrix}m\\h\end{Bmatrix}$$

では$B_1^*=-\frac{1}{2}$が出てくる式は、どうなるのでしょうか。

**$B_1^*=-\frac{1}{2}$が出てくるような上記に相当する式を、$m=3$の場合に求めましょう。**

ちなみに$B_1=\frac{1}{2}$が出てくる上記の式の、$m=3$の場合は次の通りです。

$$B_3=\frac{1}{2}\cdot\begin{Bmatrix}3\\1\end{Bmatrix}\cdot1!-\frac{1}{3}\cdot\begin{Bmatrix}3\\2\end{Bmatrix}\cdot2!+\frac{1}{4}\cdot\begin{Bmatrix}3\\3\end{Bmatrix}\cdot3!$$

この式は、

$$x^3=\begin{Bmatrix}3\\1\end{Bmatrix}x-\begin{Bmatrix}3\\2\end{Bmatrix}x(x+1)+\begin{Bmatrix}3\\3\end{Bmatrix}x(x+1)(x+2)$$

に$x=1$、2、…、$n$を代入し、それらの和をとって、「$n$の係数」を比較して出てきました。

これを、次の(下の方の)式に変更します。

$$x^4 = -\left\{ {4 \atop 1} \right\} x + \left\{ {4 \atop 2} \right\} x(x+1) - \left\{ {4 \atop 3} \right\} x(x+1)(x+2) + \left\{ {4 \atop 4} \right\} x(x+1)(x+2)(x+3)$$

➡ $$x^3 = -\left\{ {4 \atop 1} \right\} + \left\{ {4 \atop 2} \right\} (x+1) - \left\{ {4 \atop 3} \right\} (x+1)(x+2) + \left\{ {4 \atop 4} \right\} (x+1)(x+2)(x+3)$$

この式に$x=0$、1、2、…、$n-1$を代入して、それらの和をとると次のようになります。

$$S_3(n-1) = -\left\{ {4 \atop 1} \right\} n + \left\{ {4 \atop 2} \right\} \frac{1}{2} n(n+1) - \left\{ {4 \atop 3} \right\} \frac{1}{3} n(n+1)(n+2) + \left\{ {4 \atop 4} \right\} \frac{1}{4} n(n+1)(n+2)(n+3)$$

ここで両辺の「$n$の係数」を比べると、次が出てきます。

$$B_3 = -\left\{ {4 \atop 1} \right\} + \frac{1}{2} \cdot \left\{ {4 \atop 2} \right\} \cdot 1! - \frac{1}{3} \cdot \left\{ {4 \atop 3} \right\} \cdot 2! + \frac{1}{4} \cdot \left\{ {4 \atop 4} \right\} \cdot 3!$$

同様にして、$B_m$は次のように表されます($0!=1$)。

**《ベルヌーイ数$B_m$ ($m \geq 1$) $\left( B_1^* = -\frac{1}{2} \right)$》**

$$B_m = (-1)^m \sum_{h=0}^{m} (-1)^h \frac{h!}{h+1} \left\{ {m+1 \atop h+1} \right\}$$

 上の式を用いて、次のベルヌーイ数を求めましょう。

(1) $B_1^*$　　(2) $B_2$　　(3) $B_3$

$$(1)\ B_1^* = (-1)^1\left[(-1)^0\frac{0!}{1}\left\{{2 \atop 1}\right\} + (-1)^1\frac{1!}{2}\left\{{2 \atop 2}\right\}\right]$$

$$= -\frac{1}{1}\cdot 1 + \frac{1}{2}\cdot 1 = \boxed{-\frac{1}{2}}$$

（今回の式からは $B_1^* = -\frac{1}{2}$ の方が出てきましたね）

$$(2)\ B_2 = (-1)^2\left[(-1)^0\frac{0!}{1}\left\{{3 \atop 1}\right\} + (-1)^1\frac{1!}{2}\left\{{3 \atop 2}\right\} + (-1)^2\frac{2!}{3}\left\{{3 \atop 3}\right\}\right]$$

$$= \frac{1}{1}\cdot 1 - \frac{1}{2}\cdot 3 + \frac{2}{3}\cdot 1 = \boxed{\frac{1}{6}}$$

$$(3)\ B_3 = (-1)^3\left[(-1)^0\frac{0!}{1}\left\{{4 \atop 1}\right\} + \right.$$

$$\left.(-1)^1\frac{1!}{2}\left\{{4 \atop 2}\right\} + (-1)^2\frac{2!}{3}\left\{{4 \atop 3}\right\} + (-1)^3\frac{3!}{4}\left\{{4 \atop 4}\right\}\right]$$

$$= -\frac{1}{1}\cdot 1 + \frac{1}{2}\cdot 7 - \frac{2}{3}\cdot 6 + \frac{3}{2}\cdot 1$$

$$= -1 + \frac{7}{2} - 4 + \frac{3}{2} = \boxed{0}$$

これで（$B_1$ と $B_1^*$ を除いた）ベルヌーイ数を、第2種スターリング数を用いて2通りに表したことになります。

例えば$B_3$は次の通りです。

$$B_3=(-1)^3\left[(-1)^1\frac{1!}{2}\left\{\begin{matrix}3\\1\end{matrix}\right\}+(-1)^2\frac{2!}{3}\left\{\begin{matrix}3\\2\end{matrix}\right\}+(-1)^3\frac{3!}{4}\left\{\begin{matrix}3\\3\end{matrix}\right\}\right]$$

$$B_3=(-1)^3\left[(-1)^0\frac{0!}{1}\left\{\begin{matrix}4\\1\end{matrix}\right\}+\right.$$

$$\left.(-1)^1\frac{1!}{2}\left\{\begin{matrix}4\\2\end{matrix}\right\}+(-1)^2\frac{2!}{3}\left\{\begin{matrix}4\\3\end{matrix}\right\}+(-1)^3\frac{3!}{4}\left\{\begin{matrix}4\\4\end{matrix}\right\}\right]$$

**問** 上の２通りの式を用いて、$p.205$ の次の式を出しましょう。

$$0!\left\{\begin{matrix}3\\1\end{matrix}\right\}-1!\left\{\begin{matrix}3\\2\end{matrix}\right\}+2!\left\{\begin{matrix}3\\3\end{matrix}\right\}=0$$

2通りに表した$B_3$から、次が成り立ちます。

$$-\frac{1!}{2}\left\{\begin{matrix}3\\1\end{matrix}\right\}+\frac{2!}{3}\left\{\begin{matrix}3\\2\end{matrix}\right\}-\frac{3!}{4}\left\{\begin{matrix}3\\3\end{matrix}\right\}=\frac{0!}{1}\left\{\begin{matrix}4\\1\end{matrix}\right\}-\frac{1!}{2}\left\{\begin{matrix}4\\2\end{matrix}\right\}+\frac{2!}{3}\left\{\begin{matrix}4\\3\end{matrix}\right\}-\frac{3!}{4}\left\{\begin{matrix}4\\4\end{matrix}\right\} \quad \cdots (\bigstar)$$

ところが右辺は、漸化式から次のようになります。

$$\frac{0!}{1}\left[\left\{\begin{matrix}3\\0\end{matrix}\right\}+1\left\{\begin{matrix}3\\1\end{matrix}\right\}\right]-\frac{1!}{2}\left[\left\{\begin{matrix}3\\1\end{matrix}\right\}+2\left\{\begin{matrix}3\\2\end{matrix}\right\}\right]+\frac{2!}{3}\left[\left\{\begin{matrix}3\\2\end{matrix}\right\}+3\left\{\begin{matrix}3\\3\end{matrix}\right\}\right]$$

$$-\frac{3!}{4}\left[\left\{\begin{matrix}3\\3\end{matrix}\right\}+4\left\{\begin{matrix}3\\4\end{matrix}\right\}\right]$$

［　］の中の「前の項」と「後の項」で分けると次の通りです。

$$\left[\frac{0!}{1}\left\{{3 \atop 0}\right\}-\frac{1!}{2}\left\{{3 \atop 1}\right\}+\frac{2!}{3}\left\{{3 \atop 2}\right\}-\frac{3!}{4}\left\{{3 \atop 3}\right\}\right]$$
$$+\left[\frac{0!}{1}1\left\{{3 \atop 1}\right\}-\frac{1!}{2}2\left\{{3 \atop 2}\right\}+\frac{2!}{3}3\left\{{3 \atop 3}\right\}-\frac{3!}{4}4\left\{{3 \atop 4}\right\}\right]$$

ちなみに $\left\{{3 \atop 0}\right\}=\left\{{3 \atop 4}\right\}=0$ なので、これは次のようになります。

$$\left[-\frac{1!}{2}\left\{{3 \atop 1}\right\}+\frac{2!}{3}\left\{{3 \atop 2}\right\}-\frac{3!}{4}\left\{{3 \atop 3}\right\}\right]+\left[0!\left\{{3 \atop 1}\right\}-1!\left\{{3 \atop 2}\right\}+2!\left\{{3 \atop 3}\right\}\right]$$

この前半の $\left[-\frac{1!}{2}\left\{{3 \atop 1}\right\}+\frac{2!}{3}\left\{{3 \atop 2}\right\}-\frac{3!}{4}\left\{{3 \atop 3}\right\}\right]$ は、$p.254$（★）の左辺と同一です。このため（★）は $0=\left[0!\left\{{3 \atop 1}\right\}-1!\left\{{3 \atop 2}\right\}+2!\left\{{3 \atop 3}\right\}\right]$ となり、（両辺を入れかえると）$0!\left\{{3 \atop 1}\right\}-1!\left\{{3 \atop 2}\right\}+2!\left\{{3 \atop 3}\right\}=0$ となります。

同じようにして、$B_n\,(n \geq 2)$ の2通りの式から $p.206$ 青枠の式が出てきます。

$p.206$ の式は、そもそもどこからこんな式が降りてきたのかと不思議でしたね。でもこうして見てくると、必然的に出てくる式だったということです。

# 索　　引

## ■ 英字・数字・記号

## ■ あ行



## ■ か行

## ■ さ行

## ■ た行

## ■ な行



## ■ は行

■ ま行



■ や行



■ わ行

# 参考文献


[1]『組合せ論の発見』〈共立出版〉
Robin Wilson（編）　John J. Watkins（編）
高瀬 正仁（監訳）　平坂 貢（訳）

[2]『数学100の問題』〈日本評論社〉
「源氏香」(*p*.14、*p*.15)　下平 和夫（著）

[3]『源氏香の世界』
香文化資料室　松栄堂　松寿文庫（編集・発行）

[4]『香道を楽しむための組香入門』〈淡交社〉
谷川 ちぐさ（著）

[5]『ベルヌーイ数とゼータ関数』〈牧野書店〉
荒川 恒男　伊吹山 知義　金子 昌信（著）

[6]『ゼータへの最初の一歩　ベルヌーイ数』〈技術評論社〉
小林 吹代（著）

## 著者プロフィール

◎ **小林 吹代（こばやし・ふきよ）**

1954年　福井県生まれ

1979年　名古屋大学大学院理学研究科博士課程（前期課程）修了

2014年　介護のため早期退職し、現在に至る

著書に

・『ピタゴラス数を生み出す行列のはなし』（ベレ出版）

・『ガロア理論「超」入門 ～方程式と図形の関係から考える～』

・『マルコフ方程式 ～方程式から読み解く美しい数学～』

・『ガロアの数学「体」入門 ～魔円陣とオイラー方陣を例に～』

・『正多面体は本当に5種類か
　～やわらかい幾何はすべてここからはじまる～』

・『オイラーから始まる素数の不思議な見つけ方
　～分割数や3角数・4角数などから考える～』

・『ゼータへの最初の一歩 ベルヌーイ数
　～「べき乗和」と素数で割った「余り」の驚くべき関係～』

（以上、技術評論社）

・『分数からはじめる素数と暗号理論　～RSA暗号への誘い～』

（現代数学社）

などがある。

**【URL】** http://fukiyo.g1.xrea.com　「12さんすう34数学5 Go!」

本書の最新情報は、右のQRコードから
書籍サイトにアクセスの上、ご確認ください。

知りたい!サイエンス

# 和算からベルヌーイ数へと続く数の世界
## ～ベル数・スターリング数でも和算家はスゴかった～


2024年4月27日　初版　第1刷発行

著　者　小林 吹代
発行者　片岡 巌
発行所　株式会社技術評論社
東京都新宿区市谷左内町21-13
電話　03-3513-6150　販売促進部
03-3267-2270　書籍編集部
印刷・製本　昭和情報プロセス株式会社





ISBN978-4-297-14085-4 C3041
Printed in Japan

●装丁
中村友和（ROVARIS）

●本文デザイン、DTP
水口紀美子